让未来的你感谢现在不将就的自己

胡皓洋◎编著

国家一级出版社　中国纺织出版社　全国百佳图书出版单位

内 容 提 要

每个人都有梦想和希冀的未来，而造就未来不同人生之路的是我们现在的选择。让未来的你，感谢现在不逃避、不将就的自己，这是我们为未来所作的最好的努力。

本书将心理学、交际学、行为学和成功学等多种理论知识与生动的案例解析相结合，帮助大家正确认识自己和眼前的生活，为创造美好的未来而行动在现在、优秀在现在。

图书在版编目（CIP）数据

让未来的你，感谢现在不将就的自己 / 胡皓洋编著．—北京：中国纺织出版社，2017.8

ISBN 978-7-5180-3768-1

Ⅰ．①让… Ⅱ．①胡… Ⅲ．①成功心理—青年读物 Ⅳ．① B848.4-49

中国版本图书馆 CIP 数据核字（2017）第 164336 号

责任编辑：闫　星　　特约编辑：王佳新　　责任印制：储志伟

中国纺织出版社出版发行

地址：北京市朝阳区百子湾东里A407号楼　邮政编码：100124

销售电话：010－67004422　传真：010－87155801

http：//www.c-textilep.com

E-mail：faxing@c-textilep.com

中国纺织出版社天猫旗舰店

官方微博http：//weibo.com/2119887771

三河市延风印装有限公司印刷　各地新华书店经销

2017年8月第1版第1次印刷

开本：710×1000　1/16　印张：14.5

字数：168千字　定价：36.80元

前　言

教育家张伯苓说过：“人可以有霉运，但不可有霉相。越是倒霉，越要面净发理、衣整鞋洁，让人一看就有清新、明爽、舒服的感觉，霉运很快就可以好转。”用平常话说，就是不将就。

吴冠中作画，总是要求自己的每一幅画都有新意，他从不重复以往的东西。他说：“人老了，趁现在还活着，赶紧把那些自己觉得不满意的作品撕掉。”撕掉不如意，留下精美。

从这些名人的所作所为，我们不难发现，不将就是一种严谨的人生态度，它要求我们认认真真地对待生活中遇见的每个人、每件事，绝不心血来潮去做事，也不偷懒应付。它让我们将生活过得有滋有味、有情有致。在自己的能力范围之内做些力所能及的事来改变自己的境遇，虽然饱尝生活艰辛，却依然保有平和的心态，不张狂、不颓废，自有一种人生傲骨。

我们不难发现，之所以在生活中会遇见那些让人焦头烂额的问题，是因为我们对生活有要求、有期待，所以才会陷入狼狈。毕竟，只有奔跑才可能跌倒，只有攀越高峰才觉得艰辛。在通往胜利的路上，注定布满荆棘，但正因为我们还有一颗奋斗的心，困难再多也要勇于挑战。哪怕处境再狼狈，我们依然可以化被动为主动，化困境为机遇。

总要经历一些事情，我们才会知道心痛是什么感觉，在这过程中，我们才会懂得一些成长的道理，只有经历了生活的苦痛，人们才能有所觉悟。当你感到灰心丧气时，不妨抬头看一看，大地如此宽广，群星如此闪亮，还有什么困难是不能度过的呢?

不必抵触命运给予你的挫折，只有当你身处人生低谷时，才能看清人情冷暖，才能明白世态炎凉，才能有奋发图强的勇气，这种勇气将帮助你战胜困难，改变你成长的轨迹，给予你更多的可能与机遇。

著名文学家冰心曾有这样一首诗，“成功的花，人们只惊羡她现时的明艳！然而当初她的芽儿，浸透了奋斗的泪泉，洒遍了牺牲的血雨。”我们的人生就像那明艳的花，无论什么时刻，都会开出美丽的花，只要不妥协、不让步，始终对自己坦诚，听从自己内心的声音，这样，我们才能在未来遇见更加优秀的自己，让未来的你，感谢现在不将就的自己。

目 录

第一章
生活不将就，美好的事情即将发生

人生很怕将就，它不仅会将我们的人生标准降低，还会磨平我们的心气，令我们丧失奋斗的目标。有些人因为将就而失去了自己的人生底线，生活过得越发低迷、颓废。著名词作家阎肃有“四不”人生感悟：“不忽悠、不糊弄、不折腾、不凑合。”年逾八旬仍自称“80后”，保持着童心童趣，正是因为他这种不将就、不凑和的心态，所以才能在音乐领域频出精品，才会经久不衰，宝刀不老。

1.1 你的自信，会成就你想成为的自己

奥格斯特·史格勒曾说：“在真实的生命里，每桩事业都由信心开始，并由信心跨出第一步。”自信是人生成功的开始，人的成功之路必须伴着自信才能到达目的地。无论我们做着什么样的工作，遇到什么样的经历，都要坚信，每个人都是世界上独一无二的存在，坚信自己的努力，坚信自己的追求，这样我们才能达到自己期望的境界，才能打造属于自己的成功。

说到成功，总有人会有这样的感慨，“如果当时我能够坚持自己的梦想，抓住幸运女神抛出的橄榄枝，也许现在也就能够站在梦想的巅峰。”殊不知，这些都是不够自信的结果。人生长路漫漫，总会有几个关键的路口需要我们选择，选择的结果也与我们之后的人生旅途息息相关，一个自信的人，能够做出正确的判断，从而迈出成功的第一步，小文就是一个最典型的例子。

小文是一个文静的女生，她参加高考那年，要在成绩出来之前填报高考志愿，可以说，高考考验的是大家的知识能力，填志愿则考验大家的胆量。

高考结束后，小文和同学们一起参照标准答案给自己估分，由于是文科生，有些主观性较强的题目不好估算准确的分值，小文回忆自己答题的知识点，给自己设置了一个上下浮动的分数段，最后，当她把所有科目的估算成绩加在一起时，惊讶的发现自己的最高分能达到省前十名的水平，但若按照最低的分数来估算，只能上一所还不错的一本院校。小文有些犹豫了，按照以往自

己在年级的排名，是不会考到这么高的分数，这个分数报考全国名牌大学都足够了，但如果自己的第一志愿填了名牌大学，若得分没有估计的那么高，那么不仅上不了名牌大学，恐怕连好一些的一本院校也上不了。

就在这时，一位同学看了小文预测的总成绩，惊讶的说，“哇，你的估分有640分啊，去年咱们县的文科高考状元也只是658分啊，你这估分靠谱吗？”面对同学的质疑，小文忽然回想起自己考前努力学习的那些夜晚，想起自己做的像小山一样高的试卷，眼前甚至浮现出高考时自己写下的每一个答案。她对自己考试时的状态很有把握，连带着对自己的分数也有了自信，小文坚信，自己的成绩不会与估算的分数差太多，如果第一志愿不能填自己梦寐以求的高校，自己是绝对不甘心的，更何况，这是一个人生至关重要的转折，她一定要把握住。所以，在同学们还在犹豫的时候，她毅然填了自己想去的名牌大学。

很快，小文知道了自己的真正分数，就在她预测的那个分数的中间，而小文班上的一个尖子生，成绩比她要高30分，但是由于不自信，只填了一个普通的院校，浪费了这么好的一个成绩。

这件事只是一个开始，从那以后，小文更加自信了，她以优异的成绩从大学毕业，又顺利地进入一个知名外企，通过不断的历练，现在已成为企业的中端管理层，她的未来还将更美好。

有时候，自信一点就能走进成功，在那些关键的人生路口，看清自己，对自己充满信心的人，更能选对正确的道路。而那些看似低调、力求保险的人，实际是拿自己的人生为自己的不自信买单。要知道，社会给予每个人的机会并不多，要想成为人生的赢家，自信则是第一个要掌握的技能。

人们总是这样歌颂自信，“自信是愚公移山的信念，是精卫填海的毅力，是夸父追日的勇气”，实际上，自信更是对自我的超越，就让我们点燃自信的火焰，照亮自己的理想和成功之路吧！

提示未来的自己

无论是事业、爱情、生活、工作，自信都是无比重要的。自信给人以力量，给人以快乐。正是因为有了自信，人们才充满了睿智，心中才升腾起无尽的希望，自信是踏向成功的第一步，拥有自信，你的人生将越发精彩。

1.2　热情的生活能让你的人生流光溢彩

生活是属于每一个人的，但每个人对它的态度却不尽相同，有些人认为生活是美丽的、精彩的，但对另一些人来说，生活却是灰暗的、凄惨的。其实，生活是由自己创造的，你若对生活充满激情，生活就会还你一片温暖，你若对生活不咸不淡，受到一点挫折就停滞不前，自然看不到生活美好的一面。当人们能够拿出全部的热情交付给生活时，你会发现，你的人生将会流光溢彩，无比美丽。

办公室里有两个女同事，小玥和小敏，她们年龄相仿、能力相当，但是大家对待她们的态度却截然不同。

小玥是一个漂亮的女孩子，一开始大家都喜欢跟她亲近。

同事：小玥，楼下新开了一家服装店，我们去逛逛看吧。

小玥：没意思，我不去。

同事：那我们去街角那家小馆吃饭吧，听说那家出了新菜单，我正想去尝尝呢。

小玥：吃个饭还要跑那么远，你们去吧，我不去。

同事：那我们一起去看场电影吧，新上的电影很不错。

小玥：为什么要去看那些明知是虚假的故事，这太没有意思了。

同事：小玥，你对生活太没有热情了，你需要谈个恋爱。

小玥：更没有兴趣，我觉得一个人挺好。

这样的对话经常发生，久而久之，就不再有人跟小玥搭话了。日复一日的枯燥工作让小月觉得十分厌烦，她总是一个人吃着重复的菜色，做着重复的工作，她不知道怎样摆脱这样的恶性循环，也不知怎样去改变它。在她看来，生活平淡得像一杯白开水，如果用颜色来形容的话，小玥的生活就是一片浅白色。

另一个女孩小敏就不一样了，她的外表算不上美丽，衣着也算不上有品位，但却有很多同事很喜欢跟她在一起，原因就是她对生活有极大的热情。

小敏偶尔在街上看到有人卖刚出生的小鸡仔，她会很开心地挑两只带回家去养，时不时地晒一晒小鸡长大的照片；她会带朋友们去小河里摸鱼，让炎热的夏天变得清凉而又开心；她也会在自家的阳台上种一小块菜地，不厌其烦地翻耕施肥浇水。她每天都有很多的事情要做，有很多的话要说，为一件小小的事情而去投入很多的精力。

她做的这些事情小玥都不会，或者说小玥不喜欢去做，小玥不会去计较小鸡今天吃的是青菜还是小米，也不会去管今天的菜市场是否会有新鲜的蔬果，在小玥看来，那样的生活太过琐碎，甚至有些厌烦，而小敏天天都这样乐此不疲地忙活着，每天都有一些小的不能再小的事让她开心不已，和小敏相处的人也都被她这种简单的快乐感染，更喜欢与她交往，这种充满了激情与欢乐的生活，正是小敏对生活充满热情的真实反馈。

德国著名诗人弗里德里希·荷尔德林曾说：“人，诗意地栖居在大地上。”这是多么浪漫的一句话！但现实是，有些人为了生计而奔波，满面尘土，满心坎坷，他们被日常琐事磨掉了新奇感，减少了对生活的热情与期待。

他们的生活像潭死水，永远沉稳、静止，少了一些流动和斑斓，空洞得没有一丝色彩。

但对与热爱生活的人来说，他们可以每天都发现新的事物，每天都会有不同的快乐，不管这快乐来源于何处，他们总能找到。生活于他们，是美酒，是甘露，是快乐。他们的生活，用颜色来形容的话，就是流光溢彩。

满是热情的人，能将所有的心思投入到生活中，他们能将一顿普通的晚餐布置得温馨又浪漫，让你在享受食物的同时，收获满满的感动。而这一切若让对生活缺少热情的人来做，即使是山珍海味，也会让人感觉索然无味。

热情，是对生活充满期望、对人生满怀激情。有了热情，就有了力量，使人生更加完美。拨开心灵的迷雾，热情地拥抱自己的人生，你才会发现，人生其实真的很美好。

提示未来的自己

当一个人能用热情乐观的态度去看待生活，对待人生，乐观、积极、坚强地面对现实，才会真正地享受快乐。

1.3 亲手为自己打开快乐的大门

当约翰·列侬还是个孩子的时候，他的妈妈经常告诉他，生活的关键是快乐。随着年龄的增长，列侬的一个老师给他布置了一道作业：“请写出当你长大后想成为什么。”列侬写道：“快乐。”老师把小列侬的作业返给他并说：“我认为你没有明白作业的要求。”而小列侬又把作业送给老师，然后说：

“我认为你不懂生活。”

如今，人们生活的节奏不断加快，快乐也就越来越被人遗忘，人们变得十分麻木，每天都忙于应付生活给予的挑战，再想不起纯粹的快乐是什么样子。其实，快乐是一件十分简单的事，它并不需要什么成本，当你觉得生活太苦闷，没有快乐可言时，不妨停下自己的脚步，仔细地审视生活中的每一个小细节，你会发现，快乐一直在我们身边，只需要我们的心灵为它打开一扇门而已。

最近任静总是闷闷不乐，原以为到国外求学，是一件很轻松很享受的事，谁知道除了面对语言和学业的压力，还要解决自己的生活问题。为了任静出国留学，她的父母已经负担了大量的费用，实在无力曾担她的生活费。任静也是个懂事的女孩，她开始勤工俭学，每天有6个小时在打工，忙碌的生活让她心神疲惫，有时就想，自己这样辛苦是为了什么，国外的生活并不比国内好多少，自己离开父母朋友，到这么远的地方来，这份追求是否值得。

跟任静一起打工的工友，来自各个国家，他们大多都很年轻，过去也没有做过这么辛苦的工作，在这一群愁眉苦脸的人中，有一张满是笑容的脸显得格外显眼。那是一个来自泰国的姑娘，任静注意到她的时候，她正在跟工友们说自己今早丢掉钱包的经历，“哎，那真是太倒霉了，距离下一次发工资还有整整一周，而我身上只有不到十美元，不过值得高兴的是，这是最后一件坏事了，从明天开始，之后的每一件事都会比这件事好。”第二天，泰国女孩哼着小曲来上班，她高兴地对工友说，她昨天在超市买了一大堆降价的法棍面包，虽然保质期很短，但她能保证这几天一定能都吃掉。

午休时，泰国女孩把果酱仔细地涂在硬硬的面包上，十分满足地咬了一口，那表情，好像她正在吃牛排大餐一样，有工友关切地询问，“这段时间只吃快过期的面包可以吗，你的身体受得了吗？”泰国姑娘十分调皮地抬起头，解释道，“还有2天才过保质期哦，而且我觉得我这样吃下去，一定会变成像这个面包一样瘦的，那就真是太划算了，毕竟减肥药要比这个贵得多。”

看到泰国女孩即使没钱，也依然过得如此快乐，任静觉得，自己还有什么理由不开心呢？她开始向泰国女孩学习，把每一件值得开心的小事都写在日记本上，坚持几天后，她惊讶地发现，那些平常日子里再普通不过的小事，竟然可以变成令她快乐的源泉。

——洗衣服的时候，发现口袋里居然还有零钱。

——逛街时，发现自己很喜欢的牌子在打3折。

——早上出门时，发现下雪了，而自己是第一个看见雪景的人。

——洗澡后，称体重，发现自己又瘦了3斤。

任静记录下很多平日里被轻易忽略的小事，竟然发现未曾感受过的快乐和感动。原来再悲惨的人生，也能够找到快乐的存在。这种把一件件让自己觉得快乐的事情写下来的做法，虽然简单，却十分见效。

其实，能够让自己生活得快乐，本身就是一种必备的能力。所谓真正的生活智者，是那种能让自己在失意时也能获得快乐心境的人。这也就是人们都喜欢阿庆嫂，不喜欢祥林嫂的缘故。很多时候，生活并不如我们想象的那般美好，工作也不如我们期待的那么顺利，但我们没必要让自己一直沉浸在阴暗的情绪里，这种时候，我们更需要用阳光般温暖的心态支持自己度过阴霾。因此，当你发现自己陷入了“不快乐”的陷阱，就要赶快帮自己寻找真正的快乐。

当我们佯装的快乐演变为真正的快乐时，你就会形成一种极好的生活态度。你可以试一试：每天早上睁开眼睛，第一件事就是让自己弯起嘴角笑一笑，并鼓励自己，今天一定是最美好、最灿烂的一天。这是调节心情、让自己活得快乐最行之有效的方法。

提示未来的自己

简单的生活，家庭的美满，这其实就是快乐。快乐是一道风景，描绘着鸟语花香的意境；快乐是一种收获，有自己的辛勤耕作；快乐也是一种感觉，它存在于生活的点点滴滴之中，需要我们用心去感受。

1.4 改变世界，先从改变自己做起

比尔·盖茨曾说，你不要妄想去改变世界，也不要妄想去改变他人，那不是你能够轻易做到的，最好、最直接的办法就是改变自己，只要自己变了，一切都会随之而改变。一个人的性格和一项制度的形成，往往具有稳固性，当我们改变不了世界时，我们不妨先学会改变自己，因为改变自己永远比改变世界更容易。

凯瑟琳出生在美国田纳西州一个幸福的家庭，有一天，她看到美国公共电视播的非洲纪录片，片中说非洲平均每三十秒就有一个小孩因为疟疾而死亡。才5岁大的她，一脸惊恐地说："妈妈，一个非洲小孩死掉了，我们一定要做点什么！"

妈妈上网查资料，告诉凯瑟琳：

"疟疾是靠蚊子传染的，非洲蚊子太多。"

"那怎么办？"

"现在有一种泡过杀虫剂的蚊帐，有它就可以保护人不被蚊子咬。"

"那他们为什么不用蚊帐？"

“因为这种蚊帐对他们来说，太贵了，他们买不起。”

“不行，我们必须要做点什么！”

过了几天后，妈妈帮凯瑟琳她找到一个“只要蚊帐”的组织，他们专门送蚊帐去给非洲的孩子。凯瑟琳亲手把蚊帐寄过去，一个礼拜后，她收到“只要蚊帐”协会的感谢信，信里说她是年纪最小的捐赠人，还告诉她如果捐十顶蚊帐，可以获得奖状。

凯瑟琳回家后，并没有露出欣慰的笑容，她嘟着嘴半天不说话，盯着墙壁上的时钟好一会儿，突然沮丧地说：“我们只捐了一顶蚊帐，虽然这个30秒没有孩子死去，可是下一个30秒，还是有人会死！”

妈妈的心被深深地触动了。在这个世界上，有很多人都不缺乏爱心，可是还是有那么多人得不到帮助，因为，人们通常只有爱心，但缺乏行动。

可是，10顶蚊帐已经是他们一家人一周的生活费了。并且，一个人的力量是远远不够的。要怎样才能发动全民一起来帮助非洲小朋友呢？

凯瑟琳想：“我捐钱买蚊帐，‘只要蚊帐’协会就给我奖状。那别人买我的东西，给我钱，他们也应该得到奖状才对啊！”

于是，她开始自己做奖状，妈妈帮她买材料、爸爸帮她整理工作间，弟弟帮她画爱心。每张奖状都有凯瑟琳亲笔写的“以你的名义，我们买下一顶蚊帐，送到非洲”，当然还有她的亲笔签名认证。

只要你捐10元美元，买一顶蚊帐，就可以得到一张奖状。邻居看到她的奖状，觉得又天真又感动，奖状很快就卖掉十张。凯瑟琳把钱寄出，收到“只要蚊帐”协会寄来为她特制的“荣誉证书”，他们封她为“蚊帐大使”。

协会的人还告诉凯瑟琳，她捐的蚊帐是送到一个在加纳叫“斯蒂卡”的村子，那里有五百五十户人家。天啊，只有十顶蚊帐，怎么够用？

凯瑟琳的邻居不只跟她买蚊帐，他们的小孩也都加入，帮凯瑟琳做奖状，成立一支“凯瑟琳的队员”。社区的牧师也请她去教堂演讲，她只讲了短短三分钟，就收到800美元的捐款。这下她士气大振，开始跑到别的教堂去演讲，当她满6岁时，已经募集了6316美元。

“只要蚊帐”协会把凯瑟琳的事迹贴在网站首页上，引起许多人回响。

有一天，凯瑟琳看见电视上播出英国足球明星贝克汉姆替“只要蚊帐”协会做的公益广告。她立刻写一封信给贝克汉姆，感谢他，当然也发给他一张奖状。贝克汉姆把奖状贴上个人网站，事情就像滚雪球一样传开。

2008年，比尔盖兹基金会出钱拍一部《孩子救孩子》的公益纪录片，凯瑟琳因此踏上非洲大地。她看到当地的孩子用笔在蚊帐上写着“凯瑟琳”，他们都把这个救命的蚊帐叫作“凯瑟琳蚊帐”。这个爱心蚊帐，会好好守护他们的每一晚，斯蒂卡村现在叫“凯瑟琳蚊帐村”！

年仅7岁的凯瑟琳，用一个平常人的力量筹集了超过6万美元的善款，从疟疾的魔爪中拯救了近2万个小生命，成了一名为非洲儿童募捐蚊帐的“爱心战士”！

改变世界太难了，甚至是一件根本无法想象的事，但若我们能先从改变自己做起，事情就会简单的多。尽管生命无常，生活起伏，但是有不少东西是完全可以把握的，那就是我们对待生活的态度。只有自己先改变了，身边的一些人才可能会跟着改变；身边的一些人改变了，很多人才可能会跟着改变；很多人改变了，更多的人就可能会改变，所以，要想改变世界，你必须从改变自己开始。

提示未来的自己

命运始终掌握在自己手里，如果你无力改变所处的环境，那么就先试着改变自己，在适应环境过程中激发自己的能力，从改变自己开始，改造环境，获得快乐，最终改变别人，改变世界。

1.5　从细节中窥见精彩生活

我们都知道，生活是由许许多多微妙的细节构成的，有些细节看起来不足为奇，但却存在化腐朽为神奇的力量。先秦丞相李斯曾在《谏逐客书》中说“泰山不拒细壤，故能成其高；江海不择细流，故能就其深”，言内之意是说，泰山之所以有这样的高度，正是因为不拒绝渺小的土壤，堆砌而成才能形成如今的成就。江河之所以有这样的深度，正是因为不拒绝细微的溪流，汇流而成才能形成如今的规模。也许，人们就是因为疏忽了一个又一个微小的细节，才会错失了人生旅途上的许多机遇。如果你能做好生活中的每一个细节，那么你将打开一个全新的窗口，窥见精彩的生活。

向辉大学毕业后，很快就被一家规模很大的医疗器械公司录取，录取的职位是热线工程师。一开始，同学们还很羡慕他能够挤进这家业内闻名的大公司，但听到他被录取的职位后，大家就对他羡慕不起来了。大家都知道，热线工程师的工作很单调，主要是为购买公司产品的用户提供咨询服务，并且指导用户处理好简单的机器故障。因为工作内容简单，没有技术含量，工资又低，很多人都认为这个职位没有什么发展，因此这个岗位的流失量特别大，很多人还没有经过三个月试用期，就选择了离开，大家都觉得，以向辉的聪明才智，用不了多久，他就会从这家公司辞职，另谋高就。

不过，几个月过去了，向辉不仅没有辞职，反而愉快地告诉朋友，他认为这份工作很有意思，现在干得很起劲。大家都疑惑不解，一个小小的热线工程师，工作千篇一律，能有什么意思呢？

答案其实很简单，就是向辉认真地完成了老板交给他的每一个工作，并从中发现了做好它的诀窍。

作为一个热线工程师，向辉大部分时间都是坐在电话机前回答客户的问题，但如果一味地按照公司提供的故障手册来回答，并不能及时有效地解决客户的疑问。向辉发现，公司很多老员工都发现了这个问题，但却没有人想去主动解决，是啊，工资这么低，工作内容又这么枯燥，只要按时把手头的工作完成就好，谁还去考虑这些呢，考虑那么多又能有什么好处？

不过向辉并没有这么想，每天下班后，他都拿出很多时间来研究公司的设备，休息时间也会去向技术部的老维修工讨论维修的细节。几个月下来，他对公司产品的了解远远超过了那本故障手册，他能在用户提出问题的时候，帮用户分析故障产生的原因，并提供最佳的维修方案。努力总是会有回报的，不久，向辉就发现，越来越多的用户愿意把电话打给他，每天从总机转到向辉分机上的电话是其他工程师的好几倍。

公司总经理也发现了这件事，他也想看看向辉是不是真的像别人说的那样厉害，他假装是一个第一次使用设备的用户，打电话向他求助，通话结束后，他不得不心服口服。向辉不仅帮他解决了问题，还将第一次使用设备可能会遇到的问题清楚明白地讲解给他听，总经理很惊讶，他实在无法想象，一个小小的热线工程师，居然懂得这么多技术上的知识，简直比那些做了多年的技术人员了解得还多、还全面。很快，向辉就升任热线服务部的经理，他之后的生活也变得更加充实、精彩。

何为细节，一位大师曾这样形象地刻画过：“如果说‘大节’是脊椎，细节就是脊椎的每一个骨节，少了哪一节都足以让躯体瘫痪。”细细品味，事实确实如此。倘若生活是一座巍峨的高山，细节就是山路上的一块块碎石。人们在登山的旅途中感到寂寞和疲惫，渐渐失去了攀登的热情，但如果你能坚持，迈过碎石，拨开云雾，你就一定能够登上高山，远眺雄壮、美丽的风景。

提示未来的自己

在历史的长河里，勇于做大事的人何止千万，但成功的能有几何；深知人生箴言的人不少，但能认真做好每一个细节的人却不多。倘若人们都能远离心浮气躁、好高骛远的恶习，从细节做起，从小事做起，认认真真地挖掘人生真谛，就一定能够看到属于自己的美好风景。

1.6 只要坚持，世界就会看到你的存在

苍鹰感激蓝天，是它的风雨使鹰有了坚毅的翅膀；贝壳感激沙砾，是它的痛楚使蚌有了无瑕的珍珠；我们应该感激生命，是它的磨砺使人们懂得坚持。孟子曾言“天将降大任于斯人，必先苦其心志……”用困苦磨炼意志，练就坚持，增长能力，最终“增益其所不能”。在攀登成功峰顶的荆棘路上，坚持是垫脚石，坚持是动力，坚持是信念，只要坚持下去，世界终将看到你的与众不同。

在林书豪身上，颇有几分阿甘的色彩：天赋平平，长期被忽略，几乎没有任何机会，但他始终坚持着一份单纯的梦想，在困难与偏见面前，坚持地“跑下去”，直到奇迹发生的那一天，最终一鸣惊人。

事实上，当林书豪将自己定位为一名亚裔美籍华人篮球运动员时，他就明白，在美职篮取得成功的亚洲球员少之又少，他相信总有一天会有人创造这样的奇迹，他曾说：“也许我能够打破常规呢，我觉得亚洲球员总体似乎并未受到尊重，但我认为我们值得被认可，无论是在体育、篮球还是其他任何

领域。”

哈佛大学毕业之后，林书豪得到了进入勇士球队效力的机会，尽管他足够努力，但没有人能马上成功，林书豪或许能够预料得到，但却永远都不想接受的事实是，接下来他会离开他从小就热爱的勇士球队，并且离开自己的家乡。

2011年12月10日，林书豪收获了他不愿意听到的坏消息，球队宣布彻底裁掉这名华裔控卫，林书豪NBA前行的道路变得十分黯淡。后来，林书豪来到曾经拥有另一名亚洲球员的火箭队，姚明的离开让火箭队缺少了中国元素，而作为华裔美籍的林书豪至少也是一个黄皮肤黑头发的黄种人，无论签约林书豪是不是想要引起市场效应，但莫雷还是在勇士将林书豪裁掉之后迅速下手引进，只是控卫线拥挤的火箭让林书豪从未有太多的上场时间去表现自己。

2011年12月12日，火箭队宣布裁掉林书豪，在这之后的半个月，林书豪进入了另一支球队纽约尼克斯的视线，尼克斯由于后场受到伤病困扰，巴伦-戴维斯和舒伯特接连受伤之后，球队决定引进林书豪作为毕比和道格拉斯的替补，而林书豪被尼克斯引进的最早时期他也仅仅希望自己能够竞争获得一个替补的机会，成为球队第12人或者第15人。

在2012年1月17日，林书豪被尼克斯下放至发展联盟伊利湖海鹰队，尽管被下放，但是林书豪并未停止他的努力，在对阵缅因红爪的比赛中林书豪砍下28分11个篮板12次助攻获得抢眼的三双数据，并率领球队以122：113战胜对手，三天之后，林书豪被尼克斯召回，重新回到阵中。

而从2012年2月4日这一天开始，林书豪开启了自己不可终止的爆发模式，在替补出场的情况下砍下25分、5个篮板以及7次助攻的生涯新高数据，更重要的是，尼克斯战胜了篮网队，在这之前，尼克斯在前15场比赛中已经输掉了13场，若非赢下这场比赛，主帅丹东尼下课也早已是板上钉钉的事情。

而谁能够料到，林书豪在这场比赛的前一夜还是在队友兰德里-菲尔兹家中借宿，因为他不确定自己是否会再次遭到裁员！

林书豪的爆发固然是个惊喜，但更重要的是，林书豪已经率领尼克斯取得了球队赛季最长的6连胜。并且，尼克斯已经重新回到东部第八的行列，林书豪凭借出人意料的爆发在仅仅一周的时间上演了奇迹般的表演，他毫无争议地强势当选东部周最佳，在这一周的时间里林书豪场均收获27.3分、8.3次助攻以及2次抢断，并在一周之内帮助尼克斯保持不败战绩，这次，世界终于看到了这个勇于坚持自己的球员。

人生的道路总是充满艰难、荆棘和坎坷，有的人一遇上困境就唉声叹气，停滞不前；有的人则试图绕开另找一条通向成功的捷径，不过很可惜，每条路上都布满了荆棘；只有第三种人，坚持不懈克服困难的人才能成功。就像林书豪，虽然后面的路比前面的更加艰难，即使人生的跑道上只剩下他一个人，他仍然坚持完成全程。坚持是什么？坚持是迈向胜利的脚步，坚持更是失败后仍不放弃的努力，这是一种磨炼，是成功不可缺少的精神，因此，只要坚持下去，世界终将看到你的存在。

提示未来的自己

坚持一下，成功已在前方，让压力成为你不断前进的动力，让挫折成为你不断奋起的跳板，持之以恒的挑战困境，只要坚持下去，总有一天你会成功。

1.7 相信奇迹，才能创造真的奇迹

在创造美好未来的过程中，最重要的因素是来自于我们内心的真实想法。每个人都有自己特别的天份，在工作、生活中都能展现出聪明睿智、创意十足

的一面，可若是在创造未来的过程没有真正了解自己内心的真实想法，没有坚定的信念相信奇迹会发生，那么一切好运与成功都会落空。

每一个取得成功的人都知道，之所以能够成功是因为他们战胜了一切反对的意见，坚持住了自己的想法并将它付诸实行。就像詹姆斯·亚伦在《当人思考时》一书中说的那样，“坚持着一串特殊的想法，不论是好的是坏的，都不可能不对性格和环境产生一些影响。人无法直接选择环境，可是他可以选择自己的想法，这样做虽然间接却必然会塑造他的环境。”那么，我们的想法到底能成为闪闪发亮的钻石，还是不值一钱的碎石，除了靠别人赏识外，最重要的就是先要坚定的相信自己，用尽全力去努力，这样才能真正创造出别人口中的“奇迹”。

这是一个关于奇迹的故事。

很多年前，有一位19岁的年轻人正在念大学，他聪明、勤奋，更重要的是，他坚信自己的努力付出能够得到应有的回报。有一天晚上，他吃完晚饭后，如往常一般开始思考导师给他安排的作业。导师认为他是一个极具数学天赋的人，所以总会给他安排一些额外难度的习题，和往常一样，年轻人很快就完成了前面的题目，但是在面对最后一道题时，他感觉难度很大，若按照寻常的方法将无法解出答案。

这道题要求他用圆规和一把没有刻度的直尺做出一个正十七边形的图案来，他从来没有遇到过这种类型的难题，经过一段时间的冥思苦想，他还是没有找到解开谜题的方法。接下来要怎么办？放弃解答，明天去问导师做题的思路？不，年轻人否定了这种想法，他相信世界上没有解不开的难题，只是自己没有找到解答的方法而已。后来，他改变了自己的思考方法，边画边想，脑中充满了很多非常规的思维。经过这一夜的思考战争，他终于在纸上画出了一个非常标准的正十七边形图案，年轻人非常的兴奋。

第二天一早，年轻人将自己的作业交给导师，并对他说，“老师，最后一道题非常的难，我用了一个晚上才做出来，但我很兴奋，这就是数学的魅力，如果可以，您可以再给我出些这样的题目。”听完他的话，导师惊呆了，一边翻看他的作业，一边不可置信地问，“这是你自己完成的吗？独自完成的？”年轻人肯定地点了点头，导师早已掩饰不住内心的激动，他无比高兴地说：“简直难以置信，你竟然用一个晚上的时间解决了这个两千年来悬而未决的难题，要知道，阿基米德没有做出来，牛顿没有做出来，包括我自己也没有做出来，这是一个奇迹，你真是一个难得的天才。”

后来我们都知道了，这个年轻人就是德国著名的数学家、物理学家、天文学家、大地测量学家约翰·卡尔·弗里德里希·高斯。多年后，当高斯忆及这段往事时，仍感慨万千地说，如果当初导师告诉他，这是一道悬疑两千多年的数学题，他恐怕用十年的时间也未必做得出来。

每个人都希望能够取得成功，但却从没想过要先从自身改变，天下从来没有免费的午餐，正所谓一分耕耘才能有一分收获，如果你希望拥有成就，就必须先具备能像成功者一样思考的态度。要知道，相信奇迹会发生，才能创造真的奇迹。而有时，相信奇迹的信心比金子更宝贵，纵观各行各业的成功人士，他们有不同的背景、不同的能力、不同的技术，但唯一相同的就是都具有相信自己一定能成功的信心，他们也从没有质疑过这个事实，因此，他们无法理解为何有人会半途而废，他们也很难了解别人为何总是失败，因为对他们来说，成功的秘诀很简单，就是坚信自己的努力终将获得回报，奇迹一定会发生。

你可以选择你想要的人生，你可以虚度时光，浑浑噩噩，也可以奋发图强，力图振作。你可以推翻所有过去生活的节奏，也可以转换当下的思维模式，对自己的行为有所修正，不放弃、不放纵，相信自己一定能成功，让自己的言行慢慢变成良好的人生习惯，那么你的命运也即将改变。

提示未来的自己

一个好的故事可以单纯地欣赏，也可以当作是改变自己的契机，当你知道自己需要改变的地方，并致力去改变它时，你就成为了一个有勇气又明智的人，要记住，现在开始也不算晚，欲望可以提升自己，毅力可以磨平高山，相信奇迹，才能创造真的奇迹。

第二章
世界很真实，认清它才能好好地驾驭它

要真正认识世界，先要从认识自己开始，当我们能够常常反省自己的作为，平心静气地分析自己失败或成果的原因，那才算是走向认识世界的第一步。但若我们总是受到多种情绪的影响，那是无法清楚看清自己和世界的。要想驾驭一切，首先要知忏悔，承认自己的错误，从而重新出发，随时随地地面对自己，那我们才能驾驭整个世界。

2.1 不怕输的人，才有可能实现目标

看《动物世界》时，常有这样的镜头，一大群斑马被一只狮子追赶，奔跑着跑过宽广的草原，直到其中一只斑马被狮子死死咬住，其他的斑马才能跑离镜头。其实，若这群斑马能够团结起来，扬起自己坚硬的马蹄，踩也能把狮子踩死。但就是因为恐惧，从内心里觉得不能战胜狮子，才会无力抵抗狮子的追逐，直至成为狮子的美餐。人也如此，虽然有智慧，也懂得团结的重要性，但是面对困难时，反而会考虑更多，害怕丢掉面子，害怕损失金钱，害怕受到伤害，等等，最后搞得全盘皆输。

万物生而对立，有胜自然有负，胜有胜的得意，负有负的道理，输并不可怕，当你能够从败局中吸取不败的经验，才有可能取得最后的胜利。常人道，失败是成功之母，不怕输的人，才有可能赢。

有一个年轻人，在他很小的时候，就表现出了惊人的音乐天赋，他的母亲不忍心这天赋被埋没，省吃俭用，拿出了全部积蓄培养他学习钢琴。当他读到高中时，就已确立了自己的音乐梦想，并为之不懈努力。

就像所有成功人士都将经历的一样，他的成长之路受到了一系列的打击，高考落榜，他没有考上大学，不得不到一家餐厅当服务员来维系生计。但即使生活对他如此苛刻，他也没有放弃梦想，对生活认输。他几乎把所有的收入都投入到音乐里，一刻不停地向自己的音乐梦想前进。后来，机缘巧合下，他成

为了餐厅的专属琴师，老板对他赞不绝口，并推荐他去参加演出伴奏。他很兴奋，觉得自己的机会就要到来了，但事与愿违，由于诸多原因，那次演出搞砸了，当他站在舞台上，听见台下嘘声四起时，他对自己说，是就此认输，踏踏实实做一个服务员，还是继续前进，不断磨炼自己？答案当然是后者，年轻人没有灰心丧气，他鼓励自己，输并不可怕，只有不怕输的人，才有可能赢。

不久，他找了一个专职写歌的工作，但等他入职时才发现，这是一个除了写歌，什么杂事都要做的工作，但他没有离开，因为跟餐厅相比，至少这里跟他钟爱的音乐更近一些。工作期间，他创作了大量的歌曲，但遗憾的是，这些歌曲老板一首也没看上。老板认为，他的音乐天赋很好，但曲风很奇怪，跟如今流行乐坛的风格有天壤之别，一连几次向明星推荐他的产品都遭到了对方的拒绝，因为大家都认为这些歌曲都是没有市场的。

巨大的失落感笼罩着这个年轻人，一次次的失败把他打入了痛苦的深渊，有一瞬间，他想干脆认输算了，就承认自己这条音乐路走不通又如何？但很快，他就把这个念头否定了，因为如果现在放弃，就等于放弃了自己多年的梦想，他咬咬牙，继续坚持了下去。

年轻人的坚韧打动了老板，有一天，老板告诉他，如果他能在10天内写出50首歌，自己就从中挑出10首来为他出专辑。他太兴奋了，觉得这像梦一样不真实，他就一头钻进创作室，开始没日没夜地进行创作，他要尽自己最大的能力把自己的美梦付诸现实。近乎疯狂的10天过去了，他竟然创作出了50首新作品！

半年之后，他的第一张专辑一经上市就获得了巨大的成功，被歌迷抢购一空。从此，他一发而不可收。在第八届全球华语音乐榜中榜评选中，他被评为“最受欢迎的男歌手”。

他，就是当今红透两岸三地的华语歌王周杰伦。

人生是一个不断博弈的过程，胜负无处不在，失败就是我们在人生中遇到的挫折，在所难免。当你觉得被挫折磨掉了好胜的脾性时，不妨看看，被白雪压身而不动摇的苍松翠柏，还有那越夜越亮的满天繁星，它们都不曾放弃自己的信念，越是困难，越是坚强，人也应该如此。

提示未来的自己

任何人的成功都不是偶然的，那些取得成功的人，都有一个共性，即他是踩着无数的失败和痛苦走过来的，经历了无数的磨难也没有放弃过希望，始终坚信，只要有不怕输的精神，就有可能真正取得人生的胜利，因此他们才能在荆棘之路上奋勇前进，奔赴光明的未来。

2.2 为你的情绪做主

情绪是一种奇妙的心理活动，是人对客观现实的一种特殊的反映形式。情绪有很多种，积极的、良好的情绪能够成为我们工作、生活的助力，而消极的、负面的情绪则会对我们的身心健康产生破坏作用。因此，转换消极的情绪，发扬积极的情绪，做自己情绪的主人，把自身情绪提升到有益于个人进步和社会发展的高度，是十分必要的。

有这样一个传说，在古代的时候，有一个男人叫李生，他有个特别奇怪的习惯，每当他与村民发生争执时，并不会据理力争，反而会以最快的速度跑回家，绕着自己的房子和田地跑三圈，然后坐在田边，大口大口地喘着粗气。

李生是个勤快的人，干起活来很卖力，又有商业头脑，他每天天不亮就到山上去砍柴，然后挑到离山较远的村庄去卖，或者种一些别人不愿意种的作物，卖给商人，很快，他就靠着自己的勤劳赚到了钱。后来，李生的房子越来越大，田地也越来越广，但无论他的财产有多少，一与人发生争执，他还是不吵不闹，只是一味地绕着自己的房子和土地跑上三圈，然后大口大口地喘着粗气。家人和村民都十分好奇，但无论怎么问，李生也不愿意说自己的用意。

几十年过去了，当李生成为当地一个有名的富豪时，他已经老得要靠拐杖才能走路，这一天，因为一点小事，他又生气得绕着自己的屋子走，等他艰难地走完三圈，早已累得浑身发抖、气喘不已。李生的孙子苦苦地恳求他，“爷爷，您已经这么大岁数了，咱家的房子也是全村最大的了，您为什么还是绕着它走呢，您可以告诉我为什么吗？”李生禁不起孙子恳求，终于说出了隐藏在心中多年的秘密。他说：“在我年轻的时候，如果我和别人吵架、争论、生气，我就绕着自己的房子和田地跑上3圈，一边跑一边想，我的房子这么小，土地这么小，我哪有时间，哪有资格去跟人家吵架呢？有生气的时间，我还不如多砍一担柴，多挑一桶水。一想到这里，我就一点都不生气了，于是就把所有时间都用来努力干活。”孙子反问到：“爷爷，您现在年纪大了，而且已经变成全村最富有的人了，完全有资格跟别人争执了，那为什么现在还要绕着自己的房子走呢？”李生笑了几声，缓缓的说：“我现在还是会生气的，但当我生气时，如果绕着房子走3圈，边走边想，我的房子这么大，土地这么多，我又何必去跟别人计较呢？一想到这儿，我的气就消了。”

通过这个故事，告诉我们，有理智的人完全能通过自己的意志来控制情绪，就像李生一样，当他发现自己有不良情绪时，选择通过绕着房子、田地走圈来发泄，那么当你发现自己有不良情绪滋生时，应该怎么做呢？以下几个方法希望能给你一点帮助。

1.转移注意力

当你被生活的困难折磨得厌烦不已时，你可以转移自己的注意力，比如听些舒缓的音乐，看些自己喜欢的电视节目，也可以窝在温暖的角落看一本自己喜欢的书。当你能够放松自己，淡化烦恼，让自己的思维畅想天际时，你也就能平静下来，心平气和地解决问题，这是控制情绪最有效的办法。

2.遇优而自解

生活是丰富多彩的，每个人的生活经历不尽相同，面对困境，人人都要注重自身涵养，做到不以物喜，不以己悲，遇忧而自解，逆境而超脱，对于自己不满的事情，要尽可能多包容，用乐观大度的态度去应对，这样往往可以使一件原本紧张的事情变得轻松无比。

3.寻找发泄的窗口

当我们身体里充满负面情绪时，适当的发泄是十分有必要的。到空旷的海边、山林里大声嘶吼，疯狂地奔跑或是拼命地击打沙袋，这都是人们发泄情绪的窗口。选择用适当的方式，让自己的不良情绪得到及时的发泄，以便自己能够从大局、长远去考虑之后的事情，这才是我们正确对待情绪的态度。

提示未来的自己

现代人的生活节奏越来越快，生活中的各种压力让我们容易产生负面情绪，如果任由这些负面情绪积压，就会演变成心理疾病。想要赶跑负面情绪，除了要保持开心乐观的心情外，也要对其有一个正确的认知。

2.3 多走一步，点亮人生旅途的明灯

坚持是一件很难的事情，外有金钱、名利的诱惑，内有自身懒惰的情绪驱使，遇到生活中的巨大压力，很多人都会选择放弃。诚然，坚持从来就不是一

件容易的事，但它却是能够点亮我们人生旅程的明灯。

1996年，金池从福建福安师范学校毕业后，曾在家乡的一所农村小学当老师，由于心里割舍不下对音乐的热爱，1999年她毅然辞职来到广州发展。在这里，金池展现了她音乐方面的良好天赋，先后录制完成了《牵挂》《很久以前》《平安夜》等10首原创歌曲，并将推出自己的第一张个人专辑《占领》。

刚步入歌坛就得到那么多人的肯定，金池可谓是心高气傲，对未来、对音乐充满了憧憬，她似乎看见鲜花和掌声在向她招手。

然而，就在金池准备大显身手的时候，不幸降临到了她的头上。在一次前往外地拍摄MTV的途中遭遇重大车祸，声带受了损伤，失去了原来的声音，还因为专辑没有出成，她欠下了30多万元的外债。为了帮女儿还债，父母只得把老房子抵押了出去，一家人整天在债主的催债声中度日。金池面临着人生的第一道坎。

此时的金池，什么都不会，唯一的还债方式就是唱歌，她选择去酒吧当驻唱歌手。为生活所迫，她有时一个晚上要跑四五个场，直唱到嗓子彻底嘶哑。白天发不出声音了，就去医院针灸，晚上继续跑场。

虽然身在酒吧，但金池仍然没有忘记自己的音乐梦。有空时，她会调出自己以前演唱的视频来看。但面对目前的处境，她内心深处又有一种无助感，甚至觉得那个梦想渐行渐远了，因而经常伤心落泪。

这一切，她的父亲看在眼里。有一天，父亲对她说："孩子，我不懂什么大道理，但我告诉你一个生活经验。我们的家乡有一种松树，长在地势较高的地方，因为温度低，生长速度很慢。但是，这种松树一旦成材了，韧性非常好，经久耐用，人们在建房的时候，都会用它做大梁。"

金池反复品味着父亲的话，突然间她豁然开朗了。是呀，松树之所以能成为大梁，是因为经受住了雨雪风霜的考验。明白了这个道理后，从此，金池在心里暗下决心：磨砺自己的人生，为梦想积蓄力量。

有了目标，金池暗暗在做着改变，她对自己的要求跟以前不一样了。在酒吧唱歌，很多歌手为迎合听众，会把自己的优点磨掉，也会迷失自己，金池时时刻刻提醒自己：不要养成坏习惯。她把每次跑场都当成正式的比赛来对待，从声音、姿势、台风都严格要求自己。

祸福相依。金池在酒吧唱歌的8年，虽然很苦很累，但却让她的人生得到了历练，那些艰辛的岁月和经历累积的成熟、沉稳是她的一笔财富，造就了她那粗犷中略带沙哑，清晰而又深沉的独特嗓音。正因为如此，当《中国好声音》节目组在网上听到一支她翻唱的MV后，立即被她独特的嗓音所吸引，辗转找到了她，使她迎来了人生的又一个转折点，从而一举成名。

金池红了，在《中国好声音》成名后，她又参加了《直通春晚》，还签了经纪公司，发了个人专辑，又在电视剧《宝贝》中演唱片尾曲《太难》，金池俨然成了家喻户晓的明星，她那沉稳的台风和沙哑的声音逐渐受到观众的喜爱，被人们称为“历经沧桑的情感歌者”。

对于这一切，34岁的金池表现得十分淡定：“不管红不红，我还有机会唱歌感到太幸运了。这足以证明我那么多年的坚持是值得的，不放弃让我实现了音乐梦。”

人们的失败，有时和能力无关，而是缺少一种战胜困难的决心，坚持是很多人的“短板”，那些遇到一点困难就停步不前的人，只是为自己的放弃找了一个最拙劣的借口，而那些取得人生成功的人，并非都具有过人的天赋，他们更多的是选择了一条坚持走下去的路。金池的成功，正得益于她对梦想的坚持，其实，生活中，很多事情都是如此。面对挫折，有的人一边抱怨一边放慢脚步，有的人一笑了之，直接改变路线，但也有一些人，虽然周围都是放弃的声音，却凭着自己的执着和坚持，凿出了一丝丝的光亮，照亮了自己人生的路途。

提示未来的自己

好多人抱怨，自己坚持了，自己努力了，为什么还不成功？那是因为坚持还没有累积到足以成功的高度。有了坚持不一定成功；但没有坚持，就注定失败，坚持下去，你将看到光明的未来。

2.4 此时不计较，未来多添福

在人的一生中，得与失是一个循环往复的过程，是一个不由人为决定的客观规律。俗话说："人生不如意十之八九。"人的一生会遇到很多高兴、幸福、顺心的事，同样也会面对挫折和苦难。所以，生活中有些事情并不用太过在意，有一种宽容叫不计较，它是人生中一笔很重要的财富，当你能够平和地对待生命中的每一个人和每一件事时，你将跨越我们在工作、生活中经历的每一个沟坎，从而收获满满的快乐、机遇和幸福。

好脾气的乔乔刚刚经历一场失败的爱情，这场恋情以男友出轨自己的闺蜜而告终，面对爱情和友情的双背叛，乔乔并没有表现得多痛苦。周围看不过去的朋友纷纷给她支招，让她给那对男女一点教训，但乔乔却不甚在意的摆摆手说，"算了吧，是我没有那个缘分，我愿意祝他们幸福。"

乔乔的好脾气，让朋友们无话可说，大家都有种恨铁不成钢的感觉。

在工作上，当同事们都在钩心斗角、拼命奉承上级时，乔乔依然无动于衷，有人劝她，她还振振有词，"我靠自己的能力吃饭，为什么要去讨好别人，那些两面三刀的人，我离他们远一些就是了，若非要报复回去，那我跟他们有什么不一样？”

因此，生性耿直又不圆滑的乔乔，被上级安排做了很多分里分外的工作，但工资奖金却一点也没有提升，有人背地里嘲笑她“傻”，乔乔即使知道了也不以为意，依旧努力工作，整日把自己弄得精疲力竭，却一点怨言都没有。

让人意外的是，有一天，乔乔突然找到老板，要求给自己升职加薪，并把自己之前做的全部业绩都亮了出来。老板虽然对她的工作能力表示赞赏，但并没有同意她的要求。

更出人意料的是，乔乔毅然决然的辞掉了工作，开了间自己的工作室，从申请执照，到工作、招聘，忙得连休息的时间都没有，朋友们看着瘦了很多的乔乔，纷纷替她不值。职位高了，事情多了，担负的责任也大了，一个小姑娘家的，这么拼命做什么。面对朋友们的疑问，乔乔依然乐呵呵地坚持着。

慢慢地，乔乔那间小工作室变成了大公司，曾经的小职员乔乔也摇身一变成了大老板，事业成功的同时，乔乔还收获了一份美好的爱情，那个他，爱她、懂她，愿意与她一起奋斗，一起努力。

现在，朋友们都不敢相信，那个只知埋头苦干的傻乔乔，怎么突然有了这么好的运气，得到了所有大家梦寐以求的幸福，难道真是傻人有傻福？

乔乔笑着说，“我不是傻，而是不愿意为不值得的事计较。我只做自己想要的事，不为别的事分心，所以才更容易得到幸福。”

生活中，斤斤计较的人并不少，他们在与人相处时，更在意自己是否吃亏上当，如果他们跟乔乔一样，遭遇了男友和闺蜜背叛，被同事欺负，被领导轻视的事情，恐怕绝不会忍气吞声，非要争辩个子丑寅卯来，可那样一来，他们只会掉入报复的旋涡，哪里有精力去做自己真正喜欢的事呢？而我们要想活得更加潇洒，必然要放下所有心结，把不计较作为我们潇洒风度的一部分，这样我们的人生才会更加有意义，因此，我们没必要为一些琐事烦心，使自己整天庸人自扰。

不计较是一种美德，更是一种气质，能让人们在茫茫众生中获得一种别样的风度。不计较对手带来的挫败，不计较感情带来的伤害，你的宽容大度会让你成为人生中永远的胜利者。

不计较是一种难以衡量的尺度，它能让我们的精神振奋不拘于小节，也能让人们不思进取而安于现状，因此，你能给人生多大的尺度，就能有多大的心胸去包容一切，拥有其他人没有的潇洒，

人生在世几十年，时光飞逝，当我们两鬓斑白时，宽容能帮我们获得更多的慰藉，它能帮我们看开那些不如意的小事，多一份谦虚谨慎，少一点摩擦矛盾，在无声之中，得到永恒的人性之美。

提示未来的自己

不计较是一种宽容，也是一种态度，让它成为你的一种品质吧，你会发现，当你能对生活平和时，生活也会待你平和。

2.5 别把恐惧看得太清楚

“恐惧感真是折磨人”，《圣经》如是说。我们深知这句话的正确性。因此，所有人都望而却步，压抑恐惧，被恐惧感折磨着。

人的恐惧有很多种，一种是真正的恐惧，一种是想象中的恐惧，这需要我们用不同的方式来对待。当然，如果一件事真的有危险，人们的恐惧感是理所当然的，这种恐惧会使我们更加坚强和警觉，我们要认真的对待它。

但如果是第二种恐惧，那我们完全可以不把它看得太清楚，这样心中会少

一些压力，应该正面对待它，克服它。

弗洛姆是美国一位著名的心理学家。有一天，有几个学生向他请教一个问题："心态对一个人会产生什么样的影响？"

弗洛姆微微一笑，什么也不说，只是把这几个学生带到一间十分黑暗的房子里。在他的引导下，学生们很快就穿过了这间伸手不见五指的神秘房间，接着弗洛姆打开了房间里的一盏灯，在这昏黄如烛的灯光下，学生们才看清楚房间的布置，不禁吓出了一身冷汗。原来，这间神秘的房间下面居然是一个很大很深的池塘，而池子里正蠕动着各种毒蛇，包括一条大蟒蛇和三条眼镜蛇，有好几只毒蛇正高高地昂着头，朝他们"吱吱"地吐着信子。就在蛇池的上方，搭着一座很窄的木桥，他们刚才就是从这座木桥上走过来的。

弗洛姆看着他们，问："现在，你们还愿意再次走过这座桥吗？"大家你看看我，我看看你，都不作声。

过了片刻，终于有3位学生犹犹豫豫地站了出来。其中一个学生一上桥，就异常小心地挪动着双脚，速度比第一次慢了好多倍；另一个学生战战兢兢地踩在小木桥上，身子不由自主地颤抖着，才走到一半，就挺不住了；第三个学生干脆弯下身来，慢慢地趴在小桥上爬了过去。

"啪"，弗洛姆又打开了房内另外几盏灯，强烈的灯光一下子把整个房间照耀得如同白昼。学生们揉揉眼睛再仔细看，才发现在小木桥的下方装着一道安全网，只是因为网线的颜色暗淡，他们刚才没有看出来。弗洛姆大声地问："你们当中还有谁愿意现在就通过这座小桥？"

学生们没有做声，"你们为什么不愿意呢？"弗洛姆问道。"这张安全网的质量可靠吗？"学生心有余悸地反问。

弗洛姆笑了："我可以解答你们的疑问，这座桥本来不难走，可是桥下的毒蛇对你们造成了心理威慑，于是，你们就失去了平静的心态，乱了方寸，慌了手脚，表现出各种程度的胆怯——心态对行为的影响多大啊！"

面对困境时，把未知的恐惧看得太清楚，反而不利于我们顺利解决问题，其实，我们不必把它看得太清楚，那会让我们的内心少一些压力，多一些积极的动力。有的恐惧并非像我们所想的那般可怖，如果你能够直面恐惧，正视困难，你会发现，自己完全有能力战胜它。

每个人都会面对恐惧，没有人例外，而那些被恐惧击败的人与成功者之间唯一的不同就在于，他们不愿意正视恐惧，因此被恐惧吞噬，直至最后的失败。如果你将恐惧看得太清楚，它们就会透过你的恐惧情绪侵袭你的精神和肉体，破坏你的理想和生活，而这种情况完全是可以避免的。

人生在世，总有一些事情让我们恐惧，害怕去面对，但一味地逃避绝不是个好办法，我们应该勇敢地去面对它，并一个个认真地去解决，这样一路走下去，你会发现，曾经的恐惧反而是我们最强大的动力。学会克服恐惧是一种智慧与勇气，不畏艰难地走下去，道路才会畅通无阻，世界才能稳定和谐地运转发展。

提示未来的自己

有研究表明，当人们认为自己无法完成一件事时就会产生恐惧感，无形中给自己制造很多障碍，其实，若你无视这些障碍，勇于云尝试，你会发现这种恐惧是完全没有依据的，那些未知的事也没有你想象中那样危险。

2.6　养成不断学习的习惯

人们常说，生命有限而学海无边，我们的人生完全取决于我们不断学到的东西，多一点知识、多一点能力，我们就会多一个生存技能，为自己开创一片全新的空间。然而并不是所有的事物都能让人提起兴致去学，但是如果你希望能够有更多的能力去开创这个世界，就不要给自己设置限制，即使是不喜欢的事，只要我们多多学习，加深了解，最后都会把它变成一种新的兴趣。

费利斯的父亲巴克尔出身贫苦农家，只读到五年级，家里就要他退学到工厂做工去了。从此，世界便成了他的学校。他对什么都有兴趣，他阅读一切能够得到的书籍、杂志和报纸。他爱听镇上乡亲们的谈话，以了解人们世世代代居住的这个偏僻小村以外的世界。

巴克尔非常好学，他对外面世界的好奇心，不但随同他远渡重洋来到美国，后来还传给了他的家人。他决心要让他的每一个孩子都受到良好教育。

巴克尔认为，最不可宽恕的是一个人晚上上床时还像早上醒来时一样无知。他常说："该学的东西太多了，虽然我们出世时愚昧无知，但只有蠢人才永远如此。"

为了防止孩子们堕入自满的陷阱，巴克尔要自己的孩子们每天必须学一样新的东西，而晚餐时间似乎是他们交换新知识的最佳场合。

他们每人有一项"新知"之后，便可以去吃饭了。

有时，巴克尔的目光会停在他们当中一人身上。"费利斯，告诉我你今天学到些什么。"

"我今天学到是尼泊尔的人口……"

餐桌上顿时鸦雀无声。

费利斯一向都觉得奇怪，不论他说的是什么，父亲都不会认为琐碎。

"尼泊尔的人口。嗯，好。"

接着，巴克尔看看坐在桌子的另一端的妻子。

"孩子的妈，这个答案你知道吗？"

妻子的回答总是会使严肃的气氛变得轻松起来。"尼泊尔？"她说，"我非但不知道尼泊尔的人口有多少，我连它在世界上什么地方也不知道呢！”当然，这种回答正中巴克尔的下怀。

“费利斯，”巴克尔又说，“把地图拿来，我们来告诉你妈妈尼泊尔在哪里。”于是，全家人开始在地图上找尼泊尔。

费利斯当时只是孩子，一点也觉察不出这种教育的妙处，他只是迫不及待地想走出屋外，跟小朋友一起玩游戏。

如今回想起来，他才明白父亲给他的是一种多么生动有力的教育，在不知不觉中，他们全家人共同学习共同进步。

费利斯进大学后不久，便决定以教学为终生事业。在求学时期，他曾追随几位全国最著名的教育家学习。最后，他完成了大学教育，具备了丰富的理论与技能，但令他感到非常有趣的是，他发现那些教授教导他的，正是父亲早就知道的东西——不断学习的价值。

费利斯的故事告诉我们，学习是一个不断积累的过程，不仅积累了知识，更积累了能力，如果人们能够将学习变成一种习惯，每天都坚持学习，自己的眼界才能更加宽阔。不过，学习是一件需要持之以恒去做的事，通常人们在刚开始时每天都能坚持，过了一段时间后就会因为各种各样的事情慢慢放弃学习，以下几个建议，可以帮助你更好地养成学习习惯。

1.学习的时间要适度

我们需要根据自己的情况来调整学习计划，找到适合自己学习的时间，如果你之前从没有连续学习2个小时，那就不要给自己制定学习2小时的计划，你可以选择早饭前、午饭后的时间，把学习的时间拆分成10分钟或15分钟，这样短而多次的学习时间能帮助我们坚持下去。

2.把学习放在首要位置

我们可以每天提早起床10分钟用来学习，把它作为一天中最重要的事情，充分利用一天中最好的时间来完成自己的学习计划，从而取得良好的学习效果。

3.充分利用时间学习

远离学生时代后，你会发现自己很忙，每天都有工作、生活的事情要处理，无法拿出大段的时间来学习，这就需要我们充分利用自己的零散时间，比如工作间隙、上下班交通时间等，积少成多，也可以帮助我们完成学习计划。

提示未来的自己

“海不辞水，故能成其大；山不辞土，故能成其高。”当学习成为一种习惯时，人们就不会因为工作和生活的繁忙而忘记学习，不会因为身处逆境而放弃学习，乐于学习的习惯将帮助我们提高自身的追求和品格。

2.7 想要什么样的生活，就付出多大的努力

在我们身边，从来不乏优秀的人，也许是因为他们天资聪颖，善于学习，也许是因为他们独得命运青睐，善于抓住生命中的转机，但还有一种人，他们并不聪明伶俐，也没有得天独厚的背景条件，有的只是一个坚定的目标，和为之付出的不懈努力，最后他们也成为了旁人眼中金光闪闪的优秀人士。在风光背后，只有他们自己知道，自己为了得到成功曾经付出了多少常人难以想象的努力，他们十分坚信，“努力并不一定有回报，但不努力就一定没有回报”。如果你也想像他们一样成功，也想过上自己希望过的生活，那么你就要付出相应的努力，当你在人生的道路上，能够自己为自己的付出而鼓掌，感谢自己曾经坚定的信念时，你才能为走上成功之路的自己感到骄傲。

李米从医学专科学院毕业那年，不巧赶上教育体制改革，学校已不再统一分配工作，因为没有门路进大医院，她只得先选择到一家公司做销售员来维持生计。

人们在面对命运的捉弄时，无非有两种态度：顺其自然或者拼命抗争。而不得志的女孩李米认为，自己不能荒废了辛苦学习的专业知识，所以她做了一个很多人都不赞同的决定：参加在职考研。

在销售公司，李米负责的销售工作任务繁重，压力巨大，而且李米每天都要拜访很多客户，下班后常常累的都不想吃饭。可即使这样，下班回到住处，她依然坚持学习专业知识。天气太冷，就盖着被子窝在床上看书，天气太热，就在脖子上缠上被冷水打湿的毛巾。李米就这样日复一日地艰苦学习，终于迎来了考试的那一天。

那天，李米和许多学生一起坐在教室里答题，两天的时间，她将自己四年中专加一年自学的知识全都呈现在试卷上，每一笔都凝结了她的血汗。经过两个月的漫长等待，她终于拿到了心仪学校的录取通知书。在开学的前一周，李米毅然决然地辞去了工作，带着自己省吃俭用存下来的学费和生活费，来到学校报到。在学校学习时，李米并没有放松对自己的要求，她依然是班上最努力的学生，每天早晨五点半，操场上就能看见李米抱着英语书大声朗读的身影，每天晚上，她都泡在图书馆看书，一直到闭馆才会回到寝室休息。即使李米这样努力，到毕业时她也没能留在那家大医院实习，一是实习名额有限，二是学校里多是有钱有关系的学生。然而李米并没有泄气，她继续投简历，不停地参加招聘会和面试，直到被一家外地医院录取。

进入医院后，李米的工作更加忙碌了，除了工作，她的时间也都被医院的各种绩效考核填满，同一批进来的同事都在埋怨医院的工作不合理，而她却充耳不闻，继续捧着书本，为提高自己的专业知识做着努力。经过三年的不断努力，李米凭着过硬的专业知识从一个普通护士调到内科做护士长，一年后又因出色的工作被调到ICU监控室任主任，又过了两年，她成了医院里最年轻的护理部主任。即使李米现在成为了医院的中级管理层，她依然常常抱着书本学习，她说，未来的路还很长，她的努力不能停……

人生就是这样，为了生活，为了希望，我们不停地忙碌着，奔波着，在努力前行的路上，任风雨锤炼着我们的意志，在逆境中学会了坚持与坚强。也许，努力并不一定会有回报，即使有回报，可能也不是我们想要的，但是我们还要去坚持，去努力，我们不知道努力最终的结果能不能让我们满意，但无论如何我们都不能让自己后悔。

今天没有成功没关系，明天再继续努力，一直到成功的那天，你就是人生的真正赢家。

提示未来的自己

成功不在于难易，而是在于有谁真正去努力奋斗过，人生从来就不缺少机遇，只是缺少能抓住机遇的人。我们需要的不仅是梦想，还有为实现梦想而付出的努力，不要担心是否会失败，要知道，想要什么样的生活，你就得付出什么样的努力。

第三章
管好你自己，做一个不让人讨厌的人

人们的交往模式大概有以下几种：第一种，从一个完全陌生的人变成可以点头打招呼的人；第二种，从一个熟悉的人变成一个熟知的人；第三种，从一个熟知的人，变成可以谈天说地的朋友。对我们来说，最好的模式应该是第二种和第三种，人与人之间可以一直作为陌生人，也可以进一步变成熟悉的朋友。一切都是未知的，充满了无限的可能，因此我们更要管好自己，先让自己做一个不让人讨厌的人。

3.1 把别人的轻视，转换为成长的力量

“这世上只有一件事比被人议论更糟糕，那就是不曾被人议论过”王尔德如是说。诚然，在人生的路上，每个人都曾受到别人的轻视，或有心或无意，对那些缺乏自信的人来说，轻视是对他的一种藐视，是一种阻力，很多人就此萌生退意。然而对那些永不放弃梦想和希望的人来说，这种轻视，无疑会变成一种鞭策自己更加努力的动力。

中国著名男演员陈坤曾讲述过一个关于自己的故事。

我刚有点名气的时候，有一次参加一个国际电影节，在后台遇见一个很有地位的女演员。我上去很有礼貌地跟她握手说：“你好，我是陈坤，很高兴认识你。”那个女演员在我说完这句话之后，缓缓地转身，轻描淡写地瞟了我一眼，冷冷地“哼”了一下。我至今都记得她“哼”的那一声，要多冷有多冷。我笑了笑没说话就离开了。我面不改色地往前走，大家看到的依然是一个淡定平静的陈坤，其实我心里已经翻了好几遍憎恨、愤怒。

那一刻，我在心里狠狠发誓：等着瞧！

我有一个不太好的毛病叫“记恨”，那件事让我记恨了很多年。那种刻骨铭心的憎恨和愤怒一直憋在我心里，化成一种动力，催促我不断地强大，成为今天的陈坤。所以，从某种意义上讲，恨是一把“双刃剑”，它既能伤害你，也是你成长的动力。

几年之后，当我凭着认真演戏在业内获得一点儿肯定，成为具有一定专业素养的演员之后，有一天我突然发现，我理解了那个女演员。

她那种轻蔑的眼神，其实是对那类凭人气蹿红，却无实力演员的蔑视和不认可。回想那时的我，的确没什么演技，但人气突然很旺，有点儿飘飘然。也许在那个女演员心里，我是一个靠脸蛋成名的空架子，一个所谓的偶像。

从那时起，我深知，一个演员如果想在业内得到足够的尊重，一定要靠人品、靠实力，而不是人气。

今天，我有时还会在公开场合与那个女演员见面，记恨的情绪已经完全没有了，甚至我在内心深处非常感激她曾经对我那轻蔑的一瞥。虽然当年她并非有意帮我，但那个无心插柳的冷漠眼神，激励我走到今天。

假如现在有一个没实力但人气很旺的明星，在我面前“得瑟”，我依然很不给面子。如果对方也因为心中受挫，发奋图强，能够把我的冷漠变成他成长的动力，也未尝不是一件好事。

一直以来，轻视与被轻视都是对立存在的，有钱人轻视没钱人，高学历轻视低学历，白领轻视工人，其实，没有人愿意被别人轻视，那些轻飘飘的冷漠目光，总能让人感受到森森的恶意，人与人之间的误解以至怨恨也就此产生。

俗话说，“道不同，不相为谋”，如果对方与人交往的目的是想捞取个人好处，若因你对他没有利益，他就轻视你，如此这般趋炎附势、阿谀献媚的人，你最好不要与他相处。如果你不得不与这种人打交道，或者他是你的朋友，或者他和你是同事，你最好想办法远离他。

当你暂时无法摆脱这个人的冷眼相待时，也大可不必灰心丧气，努力挖掘自己的潜力，尽量发挥自己的长处，把个人闪光的一面展示给大家，提高自己的威信，也许这个人会渐渐改变对你的看法。

人生在世，我们的每一点进步都希望得到他人的认可与肯定，谁也不愿意自己的热情之火被他人的轻视浇熄，但如果自己仅有一点成就，就妄自菲薄，目中无人，这样的人生又有何意义。每个人都有自己的价值，不要轻视任何人，即使别人比你差很多，你也要平心对待，只有从内心里尊重对方，才能获得对方同样的尊重。

提示未来的自己

有时候，微笑和鼓励不一定是好事，轻视或打压也未必是坏事，只看你是以怎样的心态去面对和承受这一切，若你能够将别人的轻视转变为成长的力量，那才真正证明了你的成熟。

3.2 面对一时的输赢，懂得一笑而过

佛曰："没有永远的输，也没有永远的赢，输赢是每个人必经的人生历程。"

人生的输赢，不是一时的荣辱所能决定的，今天赢了，不等于永远赢；今天输了，只是暂时还没赢，不代表以后就不会赢。得与失永远是生活天平上的两只标准砝码。

笑看人生中的输赢得失，坦然享受快乐，不是得到的多，而是计较的少。俗话说："你得其利，就得承受负面之弊。"人不可能得到了你想要的，就永远不会失去。你真正能得到的只有人间的亲情和真情，而权力、金钱、财富都不是永远属于你的，它们总有一天会失去。

在大海深处，有一条巨大的鲸鱼在海洋中悠闲地游着，它拥有巨大的身躯。因为它体型巨大，其他鱼类为求自保，纷纷躲避它，这让它很得意，它认为自己是海洋中的霸主，强大无比，威风极了。每当鲸鱼饿了就去会找鱼群，当它接近

鱼群时，鱼们还不知怎么回事，就连同海水一起被鲸鱼吞到嘴里。有时，鲸鱼吃饱了，也喜欢追逐鱼群，它一边看它们狼狈逃命的样子，一边哈哈大笑。

沙丁鱼个头很小，但它是鲸鱼最爱吃的一种鱼，它们常常被鲸鱼成群结队地吞进腹中。鲸鱼的存在已严重威胁到了沙丁鱼的生存。有一天，沙丁鱼的首领决定除掉这可恨的鲸鱼，可是，小小的沙丁鱼要杀死鲸鱼，那不是痴人说梦吗？但这个沙丁鱼首领依旧组织鱼群向鲸鱼攻击。

看到不断攻击自己的鱼群，鲸鱼感到很好笑，心想：“这同送食物有什么两样！”于是，面对纷纷冲上来的沙丁鱼，它不紧不慢地张开大嘴，将一群群沙丁鱼尽收口中。事情显而易见，胜利者百分之百是鲸鱼。一天又一天过去了，沙丁鱼总是以失败而告终，而鲸鱼总是以胜利结束战斗。每次取得胜利，鲸鱼都十分兴奋，它总是兴致勃勃地追逐沙丁鱼的残兵败将，将它们一一收入口中。在一次又一次的胜利中，它体味着胜利者的喜悦和自豪。

一天，一大批沙丁鱼又向鲸鱼发起了挑战，鲸鱼一张口就将它们消灭了大半，剩下的一小部分狼狈逃跑。鲸鱼来了兴致，心想：“你们哪有我跑得快，一个也别想逃命。”于是，它尾随在后一口一口地吃掉沙丁鱼。沙丁鱼越来越少，但仍然有一些试图逃脱鲸鱼的追杀。鲸鱼决定乘胜追击到底，将它们彻底消灭干净。于是，一路追了下去。

鲸鱼忘了追出了有多远，正当它要张口吞下最后一群沙丁鱼时，忽然发觉自己的肚皮已经触到了浅水滩的沙子，它知道这很危险，可是，由于用力过猛，它此时已经无力控制自己的身体，只见它的巨大身躯一下子冲上了沙滩，它想抽身返回，可是已经来不及了。它搁浅了，拼命挣扎着，不久就无奈地死去了，这场战斗，以鲸鱼的死亡而结束，沙丁鱼成了最终的胜利者。

人的心态就像大海一样，有时风平浪静，有时波涛汹涌，而大多数人的心态都是不平和的，就像大海更多的时候总是卷起阵阵水花。然而我们都知道，只有在风平浪静的水面上航行，才能保证安全，当人们能安抚自己的内心，平和地对待每一个人，每一件事时，我们才能更清楚地看到自己的“目标”，才能够集中精力向目标“奋进”。

但有些人没有学会保持平和心态的方法，所以极易受外界的影响而去追逐每一场比赛的输赢。输了，是心态上输了；赢了，却是意义上的赢了。道理很简单，但人们都不容易懂，因为我们都太聪明了。聪明不一定是好事，笨也不一定是坏事。最后赢了的人，往往不是聪明人，而是笨人。因为笨人，不在乎输赢，在乎的是意义，所以他们不会分心去考虑所谓输赢的结果，而是专心在那个意义上，而聪明人都是专心在那个结果上，反而一无所获。

最是胸怀宽广，淡薄名利的人，更加深信自己终能实现自己的梦想，这种人能以积极美好的态度去看待自己人生中的每一场胜负，他们深信，自己完全有能力战胜任何困境，并在自己人生的征程中不断追求卓越，而不仅仅是嘲笑他人的失败，他们会笑对生命中的每一场输赢得失，而不仅仅局限于一时的胜负。

提示未来的自己

得与失在人们心中，只有一线之隔，其实，人生就是不断得失循环的过程，当你意以为得，就是得意；意以为失，就是失意。如果在失意时，你能够放弃执念，反而有可能得到其他更珍贵的东西，而能够悟透得失的人，才会有真正快乐的人生。

3.3 倾听不同的声音，充盈自己的内心

上帝赐予人们两只耳朵一张嘴，就是为了告诉人们凡事要少说多听，倾听比

诉说更重要，但人们往往更关注自己的内心感受，更愿意向别人倾诉自己的经历与烦恼，而如果有人能够专心倾听你说话的内容，并适当给予回应，这无疑是一件愉快的事，人们会充分感到倾听者给予的尊重和欣赏，也就更容易与倾诉者建立起一座良好的沟通桥梁。由此可见，愿意倾听别人说话的人往往是最受欢迎的人，但是，在生活中并不是人人都会倾听。有的人只愿意倾听赞同自己的声音，殊不知，忠言逆耳，倾听那些不同的声音，会对我们有更大的帮助。

我上高中的时候，有个同桌叫舒佳，说实在的，我很不喜欢她，她的性格有点怪，总是说些我不喜欢听的话，班上的同学也都不喜欢她。比如，当我正在写作业时，舒佳会说我的字写的很丑，人也不是太聪明，还说我做事很粗鲁，不像个淑女。一开始，我安慰自己尽量容忍她，后来在她一而再再而三的言语讽刺下，我忍无可忍，终于和她大吵了一架。

老师听说我们吵架了，在课间时把我叫去了办公室，我以为老师会批评我，但他没有，反而和颜悦色地跟我谈天。老师说，“这件事无论对错咱们暂且不谈，你有没有想过舒佳说的话对不对？你有没有想过在别人眼里的你是什么样子？我建议你，不妨把舒佳说的话都列出来，看她说的哪些是真的，哪些是假的，这对你更真实地看清自己有很大的帮助，千万不要因为那些话不中听就捂上自己的耳朵啊！”

听了老师的话，我平静了下来，并试着回想舒佳说过的那些刺耳的评论，令我惊讶的是，她说的话居然有一大半是真的，我的字不好看，以后会被人嘲笑；我不认真学习，考上好学校的概率确实不高；我做事很粗鲁，不止一个人都曾这样说过……虽然这些缺点我很难一下子改变，但通过努力，我想我是可以克服的，这是我第一次对自己有了很清楚的认识，而这些都来自舒佳那些“不中听”的话。

在接下来的日子，舒佳对我还是看不过眼，时不时地说些我不爱听的话，但这次我没有“捂上耳朵”，而是把她说过的每一句话都好好地反思，并思考自己是否需要作出改变。

有一次，闲聊时我说起了我的梦想是想成为一名歌唱家，舒佳难得没有讽刺我，反而有点认真地对我说，“说真的，你的歌声还不错，但你的演唱方式大多是在模仿别人，要成为一个只会模范的歌星，这还是有点难度的。”

这一次，我觉得舒佳说的对，如果光靠模仿去唱歌，那是不行的，我永远也不会实现我的梦想。于是，我开始认真地思考我应该怎么做，接下来，我在业余时间跟着声乐老师学习唱歌的发声和演唱技巧，寻找最适合自己的歌唱风格。没想到的是，几年以后，我的歌唱事业有了一些起色，很多喜欢我唱歌的人，都说我的歌自成一派，风格独特。只有我知道，这都是得益于多年前，那个说话不中听的同桌给我的建议，也直到这时，我才理解了老师当时苦心劝我的用意。

倾听是通往人们心灵的桥梁，一个人能说会道固然好，但能否做到真正的倾听才是更重要的事。高山并不宣扬它的雄伟，但它依然高耸入云；大海并不表明它的深邃，但它依旧容纳百川。倾听朋友的话语，可以让我们领会友谊的真挚，倾听父母的唠叨，可以让我们感悟亲情的真谛，倾听那些不同的声音，你会懂得更多成长的建议。

提示未来的自己

倾听是我们对别人最好的一种尊敬，它需要我们做到耳到、眼到、心到，当你通过巧妙的应答把别人引向你所需要的方向或层次，你就可以轻松掌握谈话的主动权了。不管是在日常的社交过程中，还是在职业场合里，我们都要学会做一个有耐心的听众，并且把你对说者的尊重和诚意表现在脸上，你将会有意想不到的收获。当你用心倾听，人与人之间就会更加亲近、和谐，只有摒弃内心的纷乱，才能听见心灵的倾诉，认清真实的自己。

3.4 言之有理，谈吐不凡

语言是人与人沟通的媒介，人们通过语言表达自己的思想和意愿，同时语言也反映了一个人的道德水平和文化情操。一个言辞粗鄙、恶语相向的人只会让人反感，而一个言之有理、谈吐不凡的人，则会给人留下美好的印象。

有一次，一位中国人负责接待一个由欧洲贵族组成的参访团，这些贵族身份高贵，言谈举止都十分高雅，但骨子里却透着一股傲慢。席间，一名贵族突然发难，他说："你们中国人真是低贱，怎么属什么猪啊、狗啊、老鼠啊！不像我们，都是金牛座、狮子座、处女座……真不知你们祖先怎么想的！"众人听了哈哈大笑，还互相碰杯，先前的优雅劲完全不见了。

面对贵宾的刁难，掀桌辱骂显得太不雅，就在中国官员还没反应过来时，那名负责接待的中国人缓缓站起身，用平和的语气说："是因为中国人的祖先很实在。十二生肖两两相对，六道轮回，体现了我们的祖先对我们的期望和要求。"这时，现场气氛慢慢安静了下来，不过，贵族们的脸上还是一幅满不在乎的神情。

他接着说道："第一组是老鼠和牛。老鼠代表智慧，牛代表勤奋。智慧和勤奋一定要紧紧结合在一起。如果光有智慧，不勤奋，那就变成小聪明；而光是勤奋，不动脑筋，那就变成愚蠢。这两者一定要结合。这是祖先对我们的期望和要求，也是最重要的。

"第二组是老虎和兔子。老虎代表勇猛，兔子代表谨慎。勇猛和谨慎一定要紧紧结合在一起才能做到胆大心细。如果勇猛离开了谨慎，就变成了鲁莽，而没了勇猛，就变成了胆怯。这一组也非常重要，所以，放在第二的位置上。中国人看者这些贵族，补上一句："当我们表现出谨慎的时候，千万不要以为中国人没有勇敢的一面。"

看着大家陷入沉思，他继续说："第三组是龙和蛇，龙代表勇猛，蛇代表柔韧。所谓刚者易折，太刚了容易折断，但是，如果只有柔的一面就易失去主见，所以，刚柔并济是我们的祖训。

“接下来是马和羊，马代表勇往直前，羊代表和顺。如果一个人只顾直奔目标，不顾及周围环境，必然会和周围不断磕碰，最后不见得能达到目标。但是，一个人光顾及和顺，他可能连方向都没有了。所以，勇往直前的秉性，一定要和和顺紧紧结合在一起，这是祖先对我们的第四组期望。

“再接下来是猴子和鸡。猴子代表灵活，鸡定时打鸣，代表恒定。灵活和恒定一定要紧紧结合在一起。如果你光灵活，没有恒定，再好的政策也得不到收获。一方面具有稳定性，保持整体和谐与秩序；另一方面有能在变通中前进，这才是最根本的要旨。

“最后是狗和猪。狗代表忠诚，猪代表随和。如果一个人太忠诚，不懂得随和，就会排斥他人。反过来，一个人太随和，没有忠诚，这个人就失去原则。无论是对一个民族的忠诚，还是对自己理想的忠诚，一定要与随和紧紧结合在一起，这样才容易保持内心深处的平衡。”

解释完毕，他说：“最后，我很想知道你们的宝瓶座、射手座等星座体现了你们祖先对你们的哪些期望和要求呢？敬请赐教！”

这些贵族很长时间都没有说话，全场鸦雀无声。

一个人的修养可以表现在很多方面，但其中最明显也是最重要的应该是一个人的谈吐。一个人的谈吐可以展现个人的学识，风度，甚至是性格。因此要培养好个人修养，首先要学会语言的艺术。

1.语言得体

在与人交流时，必须做到说话得体，恰如其分。任何夸大其词，或是不看对象，词不达意的情况，都会影响交际心理的展现，妨碍相互间的交流。

2.语言真诚

真诚的语言也能体现语言的得体，话要说得恰到好处，避免过于客套，也避免过分地粉饰雕琢，从而失去心理的纯真自然。

3.语言委婉

语言的表达方式是多种多样的，由于谈话的对象、目的和情境不同，语言表达方式也没有固定的模式。说话有时要直率，有时则要委婉，要视谈话对象而定。直时不直，委婉时不委婉，同样达不到交际效果。

提示未来的自己

人的个人修养是需要生活环境、丰富经历的历练、丰富学识及本身的培养形成的。想要具备良好的个人修养，就要从现在开始注重自己的谈吐，要知道，一言一行都会展现你的个人修养。

3.5 要相信付出终会换来想要的收获

科学家爱因斯坦曾经劝告我们：人只有献身于社会，才能找出那短暂而风险的生命的意义。人生不是算术习题，更何况很多时候，一加一的总和经常超过了二。只要我们肯付出，终究会得到应有的报偿，不必计较付出了多少，也不必计较等待了多久。

一个商人在沙漠行走了两天，途中遇到沙漠风暴，一阵狂风吹过，他有些找不到方向，要知道，在沙漠里迷路无异于死路一条。正当他着急不已时，发现不远处有一幢废弃的小屋，他拖着疲惫的身子走进屋内躲避风沙。这是一间不通风的小屋子，里面堆了一些枯朽的木材，饥饿和脱水让他几近绝望，就在这时，他却意外地发现角落里有一座老式抽水机。

商人兴奋地上前汲水，但却一滴水都没打上来——这是一口枯井。他颓然坐地，却看见抽水机旁，有一个用软木塞堵住瓶口的小瓶子，瓶上贴了一张泛黄的纸条，纸条上写着："你必须用水灌入抽水机才能引水！不要忘了，在你离开前，请再将水装满！"他拔开瓶塞，发现瓶子里果然装满了水。

此时，商人的内心开始交战——如果自私点，只要将瓶子里的水喝掉，他就不会渴死，就能活着走出这间屋子！

如果照纸条做，把瓶子里仅有的水倒入抽水机内，万一水一去不回，他就会渴死在这个地方……到底要不要冒险？

最后，他决定把瓶子里仅有的水，全部灌入看起来破旧不堪的抽水机里，以颤抖的手汲水，水真的大量涌了出来！他喝足水后，把瓶子装满水，用软木塞封好，然后在原来那张纸条后面，再加上他自己的话："相信我，真的有用。在取得之前，要先学会付出。"

面对干旱的现实，如果我们不先往抽水机里灌入清水，我们就不会得到大量涌出的水，生活也是如此，只有真实的付出，才会得到应有的回报。

20世纪70年代，人们的生活还不像现在这般便利，画家吴冠中经常托自己的邻居、朋友做一些买米买面、换煤气罐的事，之后他就会拿自己刚画好的画去感谢人家。后来，随着他的名气越来越大，吴冠中开始对那些随意送人的画作感到悔意，他不是画张好的送去换回原画，就是花钱把那作品买回来，然后立即撕毁。吴冠中还有两次烧画的事：一次发生在1966年，他把自己回国后画的几百幅作品付之一炬：另一次发生在1991年，他把自己十多年来不满意的作品集中起来，一下子就烧毁了200多幅作品。他对人说："我这样做，并不是要维护自己的什么名声，而是要为后人负责，要把真正的艺术留飨后人。"

吴冠中先生作画，力求精品，讲究创新。在他心目中，粗制滥造、失去了创新的态度，那样就"笔墨等于零。"他这种用心、用功、毫不苟且的作画心态，才使他作出的画价值连城。

如果你想得到别人真挚的友谊，你就必须以同样的真诚来对待你的朋友；如果你想得到上司的肯定，你就必须努力工作，做出成绩，让他看到你的业绩；如果你想得到心爱的人的心，你就必须肯花心思了解他（她）的爱好，投其所好。很多时候，在我们期望得到什么的时候，我们必须先付出。人生的付出就好像站在山顶等待回音，你努力了，呐喊了，但要经过一段时间才能听到回音。

真正的智者深谙吃亏是福的道理，懂得用长远的眼光来看待付出与收获。实际上，上天从不会亏待每一个努力做事的人，与其对困难充满抱怨，不如去勇敢地克服它。能够取得成功的人，都是那些不怕困难，不怕失败，勇往直前的人，他们能够做到胜不骄败不馁，踏踏实实地去付出努力。而那些要小聪明的人，看似精明，却总是没有得到期望的成就，在怨天尤人之际，自己需要有所反思。

提示未来的自己

人生需要付出，在付出的同时我们也在收获着属于自己的人生。付出是一棵稚嫩的果苗，由于爱的浇灌，我们收获了一大片果林；付出是一只可爱的小龙，由于心的沟通，我们收获了一只巨龙；付出是一道微弱的光芒，由于我们用心，它汇成了一道比太阳还亮的荧光！辛勤的耕耘是收获之本，良好的付出是成才之道！任何事都是要有付出才会有回报的，要获得事业的成功，除了有理想一定能实现的坚定信念和义无反顾一往直前的精神外，还必须付出辛勤的努力。

3.6　怎样赢得别人的尊重

在一次巡回表演中，卓别林通过朋友的介绍，认识了一个对他仰慕已久的观众。卓别林和对方很谈得来，很快就成了关系不错的朋友。

在表演结束之后，这个新朋友请卓别林到家里做客。在用餐前，这个身为棒球迷的朋友带着卓别林观看了自己收藏的各种各样和棒球有关的收藏片，并且和卓别林兴致勃勃地谈起了心爱的棒球比赛。

朋友对棒球爱到了痴迷的境界，一旦打开话匣子之后就收不住了，滔滔不绝地和卓别林谈起了棒球运动。从对方谈起棒球开始，卓别林的话就少了很多，大多数的时候都是朋友在讲，他则微笑地注视着对方并认真听着。

朋友说到高兴的地方，两只手兴奋异常地比画了起来，他说起自己亲自体验到的一场精彩比赛时，仿佛已经置身于万人瞩目激动人心的棒球场上，完全沉浸在了对那场比赛的回味之中。卓别林仍旧微笑着看着对方，偶尔插上几句，让朋友更详细地介绍当时的场景。朋友越说越兴奋，只是对一直没能得到那场比赛明星人物的签名有些沮丧。不过，这种沮丧的情绪很快就被他对那场比赛的兴奋所冲淡了。

那天中午，沉浸在兴奋之中的朋友说得兴起，差点把午饭都忘记了，直到他夫人嗔怪着让他快点带客人来吃饭的时候，他才不好意思地笑着拉起卓别林来到了餐桌前。那天的午餐，大家的兴致都非常高，尤其是卓别林和这位新认识不久的朋友，彼此之间相谈甚欢。

在当地的演出结束之后，这位新朋友非常舍不得卓别林，一直将他送出了很远，才恋恋不舍地道别。

不久之后，这次巡回演出也告一段落。回到家里，卓别林通过各种关系费尽周折找到了朋友说起的那个棒球明星，请他在一个棒球帽上签了名之后，卓别林亲自把这个棒球帽寄给了远方那个对棒球极度痴迷的朋友。

卓别林的举动让他身边的人非常不解，因为大家都知道，喜欢安静的卓别林对棒球从来就没什么兴趣，他们简直无法想象一个对棒球丝毫不感兴趣的人只是为了朋友的一句话，就费了这么大的精力去要一个签名。尤其是当大家知道了对棒球一无所知的卓别林居然和朋友聊了大半天的棒球比赛，大家更加想不明白了——要知道，在那么长的时间里听朋友讲一个自己完全不感兴趣的事情，那种滋味儿可是非常难受的。

卓别林倒是很洒脱，他告诉身边的人："我是对棒球不感兴趣，可我的朋友对棒球感兴趣，只有尊重他人所尊重的事物，别人才能感受到自己被理解被尊敬，这是一切友谊的基础。"

后来，当朋友听到了卓别林这段话之后，拿着他送来的棒球帽，感慨良久。两个人的友谊整整延续了一生。很多年之后，已经白发苍苍的他说起这段往事仍旧慨叹不已："我今生能够成为卓别林的朋友，是我最大的荣幸。是他让我明白了什么叫作真正的尊重和真正的友谊。他的人格光芒，照亮了我的一生。"

世界之大，茫茫众生，每个人的兴趣爱好都不同，我们不需一味地委屈自己逢迎他人，只需尊重他人的爱好和兴趣，就能与其产生共鸣成为朋友。一个真正拥有智慧的人，就是像卓别林一般懂得尊重和包容他人的人，这样才能为自己的辉煌人生打下良好的基础。以下是获得别人尊重的几点方法，希望对你有所帮助。

1.要获得别人的尊重，首先要尊重别人

正如那句俗话所说，"种瓜得瓜，种豆得豆"，你若想获得别人的尊重，就要处处尊重别人，这样才能换来同等的尊重，尊重别人其实也是在尊重自己。

2.乐于帮助别人

我们生活在社会中，每个人都是需要关怀的，人们可能无视锦上添花，但都会十分珍惜"雪中送炭"，视帮助者为其真正的朋友，并从心底尊敬他。有时，帮助别人并不是物质上的，一句话或一个小动作都能让对方感到温暖，这也能为我们营造一个更加温馨的人际环境。

3.心胸宽阔，勇于包容

在日常的人际交往中，人与人之间难免会出现摩擦，在这种情况下我们要学会宽容，并勇于包容，要知道“人非圣贤，孰能无过”。因此，不要对别人的过错一直耿耿于怀，生活的路因为有了宽阔的心胸才能看得更远。

提示未来的自己

儒学大家孔子教导人要做到“仁、义、礼、知、信”，这就是在告诫人们要重自身修养并懂得尊重别人。一个真正懂得尊重别人的人，才知道要以平等的心态面对所有人，而尊重又是相互的，当你能够主动尊重别人时，别人才会给予你同等的尊重。

3.7 自己不将就，生活也不会将就你

狄更斯说：“我宁愿无怨无悔地粉身碎骨，也不愿平平安安地虚度一世。”在生活中，我们不需要处处都去将就别人，自己的生活就应该由自己掌控。人生短暂，一味地将就别人的喜好，那我们的人生还有何意义，我们的生命还有什么乐趣可言？如此，何不在有生之年，尽情绽放自己的个性，走自己向往的路，做自己喜欢的事，当你能够不将就一切时，你会发现，生活也不会将就你。

欣欣不是个聪明的孩子，当同龄人抱着大堆的奖状回家时，她只能耷拉着脑袋走在最后，本就不爱说话的性格变得更加沉闷。在她考高中那年，家里的经济状况实在不好，看着她惨淡的成绩单，欣欣的母亲很平淡地对她说：“没考上就别去上学了，家里条件没有那么好，你认得字能记账就够了。”欣欣虽然内向，但并不是个逆来顺受的孩子，她坚定的要求要学习一门手艺。面对孩子肿得像桃子一样的眼睛，母亲又心软了：“你若实在想读书，那妈砸锅卖铁

也会供你读出来的。”

欣欣选择到一所艺术学校学习音乐，一节课的费用就够她一礼拜的生活费，可她还是找了学校最好的老师，她说那样她能学得更快一些。短短的三年，她在音乐上的进步令所有老师吃惊，然而在报考中央音乐学院时，她因为文化课成绩不够，还是落榜了，只能勉强先上了一所普通的音乐院校。而欣欣的母亲却很知足，她觉得自己的孩子那么愚笨，能走到今天已经很不容易了，她甚至已经在为欣欣规划未来：毕业后，在本地的一所普通学校做音乐老师，在适当的年龄结婚生子，从此安安稳稳的过一生，就像自己一样。临近毕业，母亲也没有跟她商量，就帮她找了个合适的工作，满心欢喜地告诉了欣欣。可是欣欣想也没想就拒绝了，她的理由很简单，她还很年轻，不想那么早就把自己的一生都交付了，她还要去考研，还要为自己的未来去拼搏，欣欣的母亲一气之下与她断绝了联系。

再次见到欣欣时，她整个人瘦了十几斤，母亲心疼不已，欣欣却兴奋地告诉妈妈，这段时间，她每天只睡四五个小时，剩下的时间都用来学习，通过努力，她已经拿到了中央音乐学校研究生的录取通知书了。得知这个消息，整个村庄都沸腾了，除了羡慕，邻居们更多的是惊奇，大家记忆中的那个欣欣并不聪明，怎么就考上重点学校了呢?

欣欣没有回应乡亲的疑虑，在研究生毕业后，她很顺利地进入了一家待遇、福利都很不错的公司。在忙于工作的过程中，母亲又开始催促她解决自己的婚姻大事问题。欣欣的态度还是依然的我行我素，即使参加了相亲，也没有对哪位男士产生好感。母亲有些着急，欣欣却回答说“您以为婚姻大事是挑衣服啊，合不合适的只有自己知道”，母亲被气得说不出话来。

后来，欣欣在自己30岁那年，风风光光的把自己嫁了，对方是个英俊多金的男孩，更难得的是对欣欣非常的体贴。在婚礼的前一天，欣欣和母亲在屋里说悄悄话，她第一次像一个害羞的小女生一样表示，这么多年，她总算遇到了一个让她满意的男人。母亲说那是她的性格太犟，若肯将就一下，生活就不会是这般辛苦。欣欣却说，“我为什么一定要将就呢，若还没有去努力，就告诉自己将就着过一生，那就不会有什么好结果，自己的美好生活是要靠自己努力得来的，从来都不是将就而来的。”

如果不想将就，那就只要最好的那样东西。当你想要获得更好的生活时，就会催生出一种信念鼓舞你去努力，比从前更努力，比别人付出更多，这样才能得到自己真正想要的东西。

提示未来的自己

当你不将就一切时，生活也不会将就你，不将就是最好的生活态度，我们的人生要靠自己来主宰，为什么要因为别人的意愿而改变了自己的人生轨迹？人生就是如此，将就的生活不是我们所追求的，我们要有勇气对“将就”说不。

第四章
你是最好的，悦纳自己，去做自己想做的

成功并不要求我们每个人都去刻意重复别人的光辉经历，或者用别人的标准来评价和衡量自己，对我们来说，“做最好的自己”才是通向成功大门的必然途径，如果一味地强迫自己去做那些不适合自己的事去取悦别人，就更加无法从我们内心深处投入足够的兴趣和激情。在这样的状态下，就算我们尽了200%的努力，也往往会事与愿违，同时还会让别人觉得自己缺乏诚意。

4.1 用自己的方式取悦自己

现代人总觉得自己活得很累，虽然他们衣食无忧，生活富足，但每一天都疲惫地奔波在城市的钢筋水泥中。他们要创造业绩取悦老板，要陪着笑脸取悦客户，还要报喜不报忧地取悦家人，但他们独独忘了取悦自己。其实，人这一生既短暂又匆忙，每天都有数不尽的事情需要我们去做，数不尽的人等着我们去取悦。然而，无论我们做的是好是差，我们不能总是活在别人的评价里，更何况，有时候别人说的不一定是正确的。

我们做了很多让别人高兴的事，却忘记为自己做一件开心的事，这不能不说是一种悲哀。我们要坚持自己的思想，适时地肯定自己，取悦自己，生活本就不容易，就不要再被其他人或事务左右，别忘了，用自己的方式取悦自己。

有一位小有名气的作家，他总是认为自己才华横溢，花费了大量的时间和精力写出了很多作品，但这之中只有一小部分获得了编辑的认可得以出版面世，还有相当多的作品没有发表，作家觉得自己的才华不被世人承认，自己的光芒被世俗埋没了，因此一直郁郁不得志。

一日，作家向自己的朋友——悟道法师倾诉了自己的苦恼，法师听罢微微一笑，指着窗外一株茂盛的植物问作家：“你可认得这是什么花？”

作家仔细地看了看，那花苞并不明显，夹杂在繁茂的绿叶中：“这不是夜来香么，它不开花还真不好认，我还以为是一株平常的植物呢？”作家回答。

法师缓缓说道："夜来香从来只在夜晚开花，任是白天观赏它的人再多，它也不会在意，它只为自己绽放，只为自己芬芳，并不在乎人们是否能一眼认出它，你可知这是何意？"

"这是何意？"作家不解。

法师娓娓道来："白天开放的花，都是为了吸引他人注意，它们展现了美丽的身姿，得到了他人的夸奖，这样才会满足。而只有这夜来香，无惧世人眼光，在夜深人静之时，四下无人之境，独自默然花开，它这样做只是为了取悦自己。大千世界，茫茫众生，难道人还不如一株植物淡然？"

法师看了看愁眉深锁的作家，继续说道："许多人，总是把自己的人生快乐与否交予他人，自己做的每一件事都在等待别人的评价与赞赏，仿佛只有这样才能找到自己存在的价值。其实，快乐的钥匙在我们自己手中，人只有自己开心了，才能去影响别人，不是吗？"

作家顿悟，他急忙说："法师，我懂你的意思了，人不是活给别人看的，而是为自己而活，我做的每一件事都是为自己而做，只要自己开心满足就够了，做一个有意义的自己，比别人说的话要重要得多。"

法师点了点头，又说："一个人，只有取悦了自己，才能提升自己，感染旁人，要知道，夜来香虽然只在夜晚开放，但人们却都是枕着它的清香入梦，花香人自知。"

你是否像法师一样明白这个道理，只有懂得怎样爱自己的人，才能被生活所爱，只有懂得欣赏自己的人，才能被他人欣赏。只有以自己的方式取悦自己，理智又惬意地让自己的生活变得更加美丽，才能同时也让别人感受到生活之美。

以自己的方式取悦自己，在繁忙的工作中留出健身、晨跑的锻炼时间，健康又充满活力的身体，是我们取悦自己最大的礼物。

以自己的方式取悦自己，抽出时间读书、品茶、丰富自己的经历，日积月累的素养会沉淀成我们睿智的思想，也为我们的生活填满色彩。

世间万物皆有两面，爱自己也有两面，当我们取悦自己的时候，也是在取悦世界，不过，只有先爱自己，自然从内在生发出爱世界，而由爱世界，自然滋润心灵而更加爱自己。

提示未来的自己

人生活在世界上，并不只是为了取悦这个世界，而是为了用我们自己的方式取悦自己。真正的智者，是勇于做自己的人，他们坚持自己的个性，坚持为自己带来愉悦，不然，即使是我们自己的影子也会离我们而去。

4.2　不求回报的付出获得心灵的快乐

智者说：“有施散的，却更增添，有吝惜过度的，反致穷乏。好施舍的，必得丰裕；滋润人的，必得滋润。”这话看似玄妙，实际却充满了因果轮回，在生活中，总有些人功成名就，拥有无尽的金钱，但却终日苦恼于内心的贫瘠，百思不得其解。其实，智者已经告诉了我们答案：“吝惜过度，反致穷乏。”快乐是人生的一种追求，只有不求回报的给予与付出，才能真正获得心灵的快乐。

陈飞刚上初中那年，在生日那天，他的哥哥送给他一台崭新的平板电脑作为生日礼物。陈飞非常高兴，在当时，平板电脑刚刚面世，还是个很稀有的物件，陈飞把它带到了学校，同学们惊羡的眼神让他觉得非常享受。陈飞的同桌叫文欣，她是班里的贫困生，以她的家庭条件，显然是不会接触到这种高档电子产品的，陈飞就破例把平板电脑借给文欣玩了一会儿。文欣不时发出惊叹："哇！它可以放音乐，真好听！""哇！它可以放图片，真好看！""哇！它还能够上网、玩游戏，真是太神奇了，那不就是把世界搬到眼前了吗！"看到文欣这么喜欢自己的平板电脑，陈飞觉得自己的虚荣心得到了大大的满足。

忽然，文欣抬起头，十分认真地问陈飞："你刚才说，这是你哥哥送给你的？"

陈飞点点头，骄傲地说，"当然了，这是他送给我的生日礼物，你是不是也想有一个这样的哥哥。"

文欣瞪着大大的眼睛，点点头说："我真希望我能像你哥哥一样！"

陈飞大感意外，他以为文欣一定是希望能像自己的哥哥一样有钱，谁知文欣接着说，"我希望我也能给我的弟弟买一台这样的平板电脑，送给他。"

陈飞很好奇："你为什么会这么想，难道你不想有个哥哥买东西送给你吗？"

文欣有点不好意思，她说："我是家里的老大，还有个弟弟，他生病了，有一只脚不能动，平时爸爸妈妈出去工作，我上学，家里没有人陪他，我想如果有一天，我能像你哥哥一样，送给他一个这样的生日礼物，他一个人在家，也能自己听音乐、看图片，他也会知道外面的世界有多美好，他就不会那么孤单了。"

陈飞被感动了，他做了一个大胆的决定，他说，"这个你可以先拿回去给你的弟弟玩，平时上学我也没时间玩，只要周末还给我就可以。"

现在，虽然陈飞只有在周末才能见到自己的生日礼物，但那个生日是他觉得最有意义的，因为一份礼物收获了三个人的快乐，他觉得实在是太高兴了。

《圣经》说："你要嘱咐那些今世富足的人，不要自高，也不要倚靠无定的钱财；只要倚靠那厚赐百物给我们享受的神。又要嘱咐他们行善，在好事上富足，甘心施舍，乐意供给人，为自己积成美好的根基，预备将来，叫他们持定那真正的生命。”有时候，一句话、一个眼神、一件微不足道的小事，都代表了人对世界的善意，如果你能做到不求回报的付出，你会发现世界是如此的和善、如此的温和。

人因付出而快乐，因分享而增值，学会付出，才能收获幸福，懂得付出，才能得到更多回报，否则，人的内心就会变得像死水一样，水流只进不出，最终成为一片死寂。

如果你能做到慷慨大方，那你能得到的总会比付出的多很多，那种喜悦是无法取代、无法比拟的，这样何乐而不为呢?

提示未来的自己

有位名人说：“人活着应该让别人因为你活着而得到益处。”的确，只有学会给予和付出，你才会感受到舍己为人带给你的那份不求任何回报的快乐和满足。哈佛大学一位心理学家说：“只知索取，不知付出；只知爱己，不知爱人，是当代社会的通病。”与之相反，当一个人能够勇于付出而不求回报时，这才是一个人高尚品质的体现，在这过程中，这个人能体会到一种无法取代的快乐感，这就是你一定要知道的处世智慧和人生快乐之道。

4.3 为你的愤怒留余地

本杰明·富兰克林曾经说过：“愤怒从来都不会没有原因，但没有一个是好原因。”这真是一句妙言，人生活在社会中，总是不可避免地遇到一些让我们倍感愤怒的事，所以愤怒是不可避免的，但我们要做的不是一味地压抑愤怒，而是找到引发自己愤怒的情绪，在愤怒之前消除这些情绪，从而去掉愤怒带来的消极影响。

迈特是一个好男孩，他喜欢他的家庭和他的朋友，大多数时间他们也喜欢他。之所以说“大多数”，是因为有时迈特会变得异常愤怒。如果事情不像他想象中的那样，他就会朝别人大喊，摔门，把别的孩子推倒，或者随手摔手边的东西。他的爸爸和妈妈很早之前就说过：“你最好能控制你的脾气，否则有一天会吃大亏的。”现在迈特已经意识到了这点，因为他的一些朋友都想远离他，他变得越愤怒，朋友越不想和他相处。

所以迈特很担心，因为他喜欢他的朋友，他不想失去朋友，但是却不知道该怎么办。他总是这样，有时候尽力忍住愤怒，但是心中的怒火会像火山一样突然爆发。迈特感觉情绪不受自己控制。他该怎么办呢？

一个星期六的早上，他的爸爸从五金店里回来，对他说：“迈特，我有一件礼物要送给你。”爸爸从购物袋里拿出了一把新的锤子和一袋闪闪的钉子。爸爸找到一个旧的烤豆罐，把钉子钉在了罐子上。爸爸把锤子递到了迈特的手里，对他说：“每一次你很生气的时候，就出去在篱笆上钉一枚钉子。”

迈特认为他爸爸也许是疯了，也许是工作压力太大了，但是迈特还是耸了耸肩。他已经作了很多的尝试，为什么不试试爸爸说的呢？

每一次他在家特别生气的时候就走出去在篱笆上钉一枚钉子。如果他在学校里遇到生气的事情，他就会记下来有多少次，回到家之后他就会在篱笆上钉下相应个数的钉子。

很快迈特发现钉钉子的任务很无聊。他并不想一直记得生气的次数，每次都跑出去钉一个钉子，有的时候尤其是天冷或者下雨的时候，他就出去随便钉几个钉子。令他惊奇的是，迈特发现他越来越少生气了。事实上控制脾气，要比记得生气的次数，然后跑出去在篱笆上钉钉子容易得多。“有一个星期都没有在篱笆钉钉子了，一次都没有！”他骄傲地告诉了爸爸。

“非常好，我很高兴听到这件事。现在，如果你一整天都没有生气，你就去篱笆上拔掉一枚钉子。”

随着日子的推移，他拔出了很多钉子，但是迈特发现那里留下了很多洞眼。有的木头收缩能使洞看起来小了一些，有的洞还是那么大。迈特注意到虽然钉子拔掉了伤口却留在那里。

当他告诉了爸爸这件事情，爸爸说：“这和你生气时所发生的情况一样。生气可以伤人，有时候即使事情过去很久很久，也会在别人的心上有一个伤疤。”

每次他走过篱笆便会看到那些伤口，都会提醒他曾经发过的脾气。到了下一个周末，他向爸爸要了一些腻子粉，想填补上那些洞，但是还是可以看到痕迹。迈特想修补他所做过的事情，所以他问爸爸下周是不是可以将篱笆重新粉刷一下。

“你想选什么颜色呢？”爸爸问道。迈特有很多点子。他可以把篱笆刷成一种颜色，或者每一片选一个眼色，或者两种颜色交叉。也许他可以举办一个篱笆粉刷聚会，邀请他的朋友来玩。在他思考这个问题的时候，他发现有很多事情可以做来改变他对篱笆曾经做过的事情。迈特想，这可比在篱笆上钉钉子有趣多了。

有时候，愤怒会让你的生活变得一团糟，如果你能认识这一点，就要学会采取弥补措施来对自己的残忍行为负责任。

提示未来的自己

我们应该明白，一旦对人不善良的话，做出的行动是无法收回的，但是，还是可以通过弥补来减轻他人的不适或伤痛，关键在于我们一定要及时采取有效行动或措施，为我们的愤怒留有余地。

4.4 提高自己的交际能力

人生活在社会中，需要与人合作、沟通，而不同的工作、生活环境则需要人们具备不同的交际能力。交际能力是人们生活发展过程中最重要的一种能力，卡耐基曾说：“一个成功的管理者，专业知识所起的作用是百分之十五，而交际能力却占百分之八十五。”确实如此，良好的交际能力，能帮你融入全新的环境，不会受到排斥，也能帮你解决一些生活中的困境与不快，让你生活得更加淡然。

这是十分平常的一天，一辆公交车正在路上行驶，车上并不拥挤，有一位老妇人站在一个座位旁，座位上坐着一个十几岁的小女孩，车到站后，小女孩起身准备下车，就在这时，一个年轻女子迅速将手中的皮包越过老妇人的肩膀扔到了座位上面，老妇人并不以为意，反而边为她让开身，边平静地说：“别着急，我给你让一让。”坐到座位上的年轻女子小声嘟囔着：“谁着急了？”

那女子坐下后，发现老妇人总是看她，便有些不耐烦：“你总看我干什么？”“我在欣赏你的美丽。”老妇人仍然带着平静：“你很漂亮。”妙龄女白净的脸上泛起了红晕，但是表情中却流露出一种不耐烦。老妇人继续平静地说：“我下一站该下车了，这个座位原本就是你的。”年轻女子的脸更红了，但仍然嘴硬：“那你就下车吧，跟我说什么。”

老妇人的脸上泛起了一丝笑意，依然平静而温和地说：“姑娘，你知道吗？有的时候一个座位很容易得到，但是做人却不那么容易啊！”话语过后老妇人下了车，年轻女子的脸上写满了羞愧。

在工作生活中，人们会因为一些琐事发生争吵，很多人会不停地辩解、驳斥，甚至通过怒骂解决矛盾，结果反而导致矛盾升级。公交车上这位老妇人，为我们展现了一种正确解决矛盾的交际方法，没有指责、没有怒骂，只是温和的让年轻女子认识到自己的错误。其实，人际交往就是如此简单，只要方法得当，就能友善地解决问题。

人作为一种群体动物，天生就渴望融入一个群体中，没有人喜欢孤独，但是，交际能力并不是天生的，那我们要怎样提高自己的人际交往能力呢？

1.让自己更加自信

不知你是否注意，一些交际能力不强的人，往往都是不够自信的人，即使他们有一些好想法，也会闷在心里，不去表达。而那些自信的人则十分了解自己，知道发扬自己的优势，避免自己的劣势，同时他们勇于去争取，敢于表现自己，即使自己处于困境中，也不停地去尝试，因为他们坚信自己终会成功。

2.给别人一个好印象

一个注意自己形象的人，一般都是个有主见，而且乐于与人沟通的人，当你衣着得体、妆容适宜时，你整个人会流露出一种不同于人的知性气质，这会给别人一个很好的印象，对方也愿意主动与你交流，这样就会无形中提高与人交流的效率。

3.锻炼自己的胆量

有人的地方就有交际，因此我们更要多锻炼自己的胆量，有机会就要去表现自己，克服胆小、害怕的心理。和人交谈，不要扭扭捏捏，大胆自然地表达自己的想法，不要紧张。

4.学以致用

俗话说，“读万卷书不如行万里路”，有时间一定要多出去见识世界，增加自己的阅历和见识，同时多读一些关于人际交往方面的书，这些都是我们与人沟通的资本，我们要学会将书本上的信息转变为自己的东西，同时多向其他人表达，在不停说话的过程中，才会知道自己哪些方面需要增强。

5.控制情绪

在与人交谈的过程中，不要总是以自我为中心，要学会去聆听对方的想法，站在对方的立场想问题，将心比心，并且用温暖、尊重、增进了解的方式去沟通。要善于处理自己的情绪，不要让不好的情绪影响了你与周围人的关系。

提示未来的自己

一个人的交际能力是综合能力的表现，与学识、阅历、心态等方面息息相关，同时这是一个日积月累的过程。

4.5 把“沉没成本”垫在脚下

新出的电影实在是糟糕透了，情节、演员全都不在状态，在浑浑噩噩地看了30分钟后，男人对他的妻子说：“走吧，这么难看的电影，我一分钟都不想看了，咱们回家去吧。”妻子倔强着不走：“肯定不行，我花了200块钱才买到首映场的票，就算难看我也要看完它！”男人抗议道，“钱已经花完了，难道还要搭上我们的时间吗？你知不知道什么叫沉没成本。”

第二天，男人的公司召开销售工作会议，在进行三个月的大规模宣传后，销售业绩依然不理想，男人主张立即停止广告合作，更换其他宣传方式，而广告部负责人则反驳道：“我们已经投入了三个月的时间、精力和金钱，要是现在终止合作，我们的付出就全都白费了。”男人淡淡地说，“你抓住了沉没成本却不放手，你有没有想过我们还会损失什么？”

男人的朋友被感情问题折磨了很多年，心仪的女人一次一次地欺骗他，旦然朋友早知这段感情已经结束了，但还是一次又一次接受了女人的复合。朋友对男人说：“我在这段感情中投入了很多，只要她愿意回头，我还是愿意接受她。”男人在心里想，你这是典型的纠缠于沉没成本。

看完这几个小故事，你是否知道男人口中的“沉没成本”指什么？

经济学家把已经发生不可收回的支持，如金钱、时间、精力等统称为“沉没成本”，也指那些不能由现在或将来的任何决定改变的事情。很多时候，人们做出了错误的决定，就会不停地后悔，为此投入大量的时间和精力，不停地幻想若时间能够重来该如何如何，其实这件令人后悔的事就是一个“沉没成本”，后悔是比损失更大的损失，比错误更大的错误，没有人会永远不犯错，而我们要做的，就是从这个不可改变的错误中抽身出来，并将它转变为人生资本的积累，这才体现了我们人生的成熟。

王文是一名专业棋手，在一次国际赛事上，她十分意外地输给了一个段数不及她的外国选手，这个打击对她来说太大了，她从来没有在预赛第一轮就被淘汰出局过。从那以后，大概有一年多的时间，王文总是在不停地回想当时的比赛场面，不停地回想对手的棋路，并深深后悔自己的大意，甚至都不愿意再去碰触自己深爱的围棋。

有一次，王文参加一个经济公开课，听到老师讲了一个概念——“沉没成本”，“如果你去看一场期盼已久的球赛，而到球场门口却发现没有带票，这时你需要马上再买一张，而不是回家去取。因为前边你的一切准备都已经成了‘沉没成本’，这时你要做的就是抛下它，去打造新的成本，毕竟球赛不会等你取票回来才开始。”

老师的话一下点醒了王文，虽然自己下错了一步棋，但那已经属于“沉没成本”了，只要静下心来，毕竟一个比赛有十来盘棋呢，不要因此影响其他的比赛。王文仔细回想老师的话，终于走出了失败的阴影，真正做到抛弃失败，重新再出发。

俗话说："亡羊补牢，犹未晚也。"当我们做错了决定，感到十分后悔时，应该以现在为起点重新开始，反思过去避免重蹈覆辙。人生之事，对错有之，无论结局如何，我们都要敢于承担后果，悔中求悟，才能更好地继续。既然说错的话，做错的事已经无法挽回，也就是说，即使再后悔，也不能回到当初。不如调整心态，莫让后悔成为一个枷锁，让自己不能解脱；不如在后悔到来时，把握好自己的命运，不要让后悔彻底毁了自己。因此，不要再浪费时间沉溺于后悔之中了，就像王文一样，毅然把沉没成本垫在脚下吧，那样我们一定能攀登到更新的高度。

提示未来的自己

正如电话机的发明者亚历山大·格拉汉姆·贝尔所言："当人生的一扇门关闭了，总会有另一扇门为你打开；然而，我们却经常久久地回顾那扇关闭了的门，懊悔不已，却没有看到那扇为我们打开的门。"我们必须学会如何平衡各种不断的尝试和害怕失败的心理之间的矛盾，虽然这些尝试可能意味着许多痛苦的失误，但一味的害怕、后悔只会让我们停滞不前，我们需要勇敢地跨出第一步，才能走出失败的阴霾，走向真正的成功。

4.6 海纳百川，有容乃大

在获得荣誉之后，常常会出现两种迥然不同的人——一类人扬扬自得，自吹自擂；另一类人则默不作声，谦逊有礼。前者的成功往往非常短暂，因为骄傲自大会令他们趋于盲目，以至于看不清眼前的事实。而后者则令人发自肺腑地折服，由衷地崇敬他的高尚。他也会因为知道自身的不足，所以永不止步，最终成为出类拔萃、受人欢迎的佼佼者。诗人泰戈尔说："你尽管倾注，我还有余量待充满。"这是一种气度，谦虚就是始终觉得自己还有"余量"，这种"余量"心态就是谦虚，也就是所谓的"洼则盈"。

谦虚是对社会和他人的尊重，但它并不是要我们三缄其口，而是要我们准备地更充分一点，多听取别人的意见，这样我们才能离成功更近一点。

京剧大师梅兰芳，不仅在京剧艺术上有很深的造诣，而且还是丹青妙手。他拜名画家齐白石为师，虚心求教，总是执弟子之礼，经常为白石老人磨墨铺纸，全不因为自己是位名演员而自傲。

有一次齐白石和梅兰芳同到一家人家做客，白石老人先到，他布衣布鞋，其他宾朋皆社会名流或西装革履或长袍马褂，齐白石显得有些寒酸，不引人注意。不久，梅兰芳到了，主人高兴相迎，其余宾客也都蜂拥而上，一一同他握手。可梅兰芳知道齐白石也来赴宴，便四下环顾，寻找老师。忽然，他看到了被冷落在一旁的白石老人，他就让开别人一只只伸过来的手，挤出人群向画家恭恭敬敬地叫了一声"老师"，向他致意问安。在座的人见状很惊讶，齐白石深受感动。几天后特向梅兰芳馈赠《雪中送炭图》并题诗道：记得前朝享太平，布衣尊贵动公卿。如今沦落长安市，幸有梅郎识姓名。

梅兰芳不仅拜画家为师，也拜普通人为师。他有一次在演出京剧《杀惜》时，在众多喝彩叫好声中，他听到有个老年观众说"不好"。梅兰芳来不及卸装更衣就用专车把这位老人接到家中。恭恭敬敬地对老人说："说我不好的人，是我的老师。先生说我不好，必有高见，定请赐教，学生决心亡羊补牢。"老人指出："阎惜姣上楼和下楼的台步，按梨园规定，应是上七下八，博士为何八上八下？"梅兰芳恍然大悟，连声称谢。以后梅兰芳经常请这位老先生观看他演戏，请他指正，称他"老师"。

谦虚就是"忘掉自我"，那么我们要做到荣辱不惊，具体应该怎样做呢？

（1）对别人的过失，我们不要太过计较，也不要有任何偏见，大度、宽容，不要把有可能成为朋友的人变成敌人。

（2）当遇到失败时，我们要敢于担当，先从自身开始进行反省，即使有功劳，也要先审查自身的过错，最后再陈述功劳。

（3）如果发现自己只比别人强一点，那根本没用，我们还要付出很多努力，要比别人更加努力，更加成功才行。

（4）避免嫉妒，嫉妒可能在现代社会里将会比以往任何时代都来的强大，而会变成这样的原因是由于我们的世界正变得空前的自由和平等，天赋人权，因此我们要更加谦逊待人、学习他人的优点。

（5）学会接受失败，生活如此重要，所以没有什么大不了的。

（6）坦然接受别人的批评，过于在意别人的批评和赞扬，太在意别人的评价的人，注定无法获得成功。

（7）不要告诉别人，你比他聪明，英国19世纪政治家查士德斐尔爵士曾对他的儿子有过这样的教导：“要比别人聪明，但不要告诉人家你比他聪明。”

做人一定要谦虚，只有在谦虚的基础上，我们才能不断进步。老话说，“天外有天，人外有人”。我们既不应该因为别人不如自己而去轻视别人，殊不知，人无完人，每个人都是各有所长。我们又应虚心向他人请教，取他人之长，补自己之短，无论什么时候都对自己严格要求，这样才能取得更大的进步！

提示未来的自己

学会谦虚，是我们日常生活中的一门必修课，要时刻提醒自己保持勤学善举。只要人人都能够学会谦让，那么我们的社会就将是一个国泰民安、繁荣昌盛、和谐幸福的美丽家园。

4.7 接纳最真实的自己

人生在世，最好的朋友是自己，最大的对手也是自己，只有真正了解了自身的优势与不足，才能进步。如果不能接纳真实的自己，处处与自己为敌，不但影响自己的人生，还会排斥自己、厌恶自己。试问，一个连自己都喜爱不起来的人，又如何能得到别人的喜爱。因此，不管我们多么不喜欢自己的缺点，既然事实已经无法改变，那我们就不要再去逃避，勇敢地接纳自己，你会发现，无论好坏，自己都是这世上独一无二的存在。

有一位年轻人，总是希望自己能做到完美，在他即将远行时，他虔诚地拜访佛祖，问道："佛祖，我希望我的人生之路是完美的，我应该怎样做呢？"

佛祖回答他说 "你不妨把这里当作你远行的起点，从这里走出去，你会看到三重门，每一重门上都写着一句箴言，你要按照那句话去做，当你跨过三重大门时，我会在门外等你。"

年轻人听了佛祖的话，转身走了出去，不久他就看到了第一重门，门上写着"改变世界"。年轻人开始按照自己的理想去改变世界，把自己不喜欢的一切统统去掉，取而代之的是他自认为完美的事物，然而世界并没有因此就变得完美，年轻人认为自己做的还不够，也许答案在第二重门上，因此他收拾行装，继续前行。

没多久，年轻人来到了第二重门前，上面写着"改变别人"。年轻人顿悟，难怪自己无法改变世界，那是因为其他人没有改变，大家的想法见地都不尽相同，自然无法和谐共处。年轻人想，一定要用自己完美的思想去改变他们，让世界向更好的方向发展。可是，他发现人们根本不理会他，世界也还是那样的不完美，他只得期待第三重门能够带给他新的启发。

当他来到第三重门前，发现上面写着 "改变自己" 。年轻人这才恍然大悟，与其改变世界，不如去改变世界上的人，而与其改变别人不如改变自己。

年轻人推开门，见到了等在门后的佛祖，他感谢佛祖对他的教诲，佛祖听完他的体会后笑了笑，说："你现在可以往回走，再回去仔细看看那三重门，或许你会有不一样的发现。"

年轻人将信将疑地转过身，准备往回走。这次，他看到第三重门上写着"接纳自己"，他突然明白为什么自己在改变自己的时候总是自责、苦恼，因为他拒绝承认和接受自己的缺点，总是把目光放在自己做不到的事情上，而忽略了自己的长处。在第二重门上，他看到的是"接纳别人"。他开始明白自己为什么在改变别人的时候那么艰难，因为他拒绝接受别人和自己存在的差异，不能从别人的角度去理解和体谅他人。在第一重门上写着"接纳世界"。他渐渐明白自己为什么无法改变自己。因为他拒绝承认世界上有许多事情是自己做不到的，总是勉强为之，而忽略了更适合自己，自己可以做得更好的事情。

佛祖对年轻人说："你只有接纳了自己，才能真正懂得如何接纳别人，接纳世界，一切的成功都要从接纳自己开始，那才是改变的第一步。如果明白这个道理，你就可以去远行了。"

接纳自己代表着要接纳自己所有的一切，无论是闪光的优点，还是黯淡的缺点，当你能够真正开始接纳自己时，那些令你自卑的劣势将变得再平常不过，因为那都是组成你自身的一部分，它们都是上天的恩赐，不过是放错了地方的宝贝。如果我们能换一个角度，换一种方式，你会发现，缺点也可以变成优点。当我们能真正学会接纳所有的一切，我们才可以摆正自己的位置，看清自己的优势和劣势所在，从而寻找更加适合自己发展的机会，这样才有力量去改变、去成长，走向更加光明美好的未来。

提示未来的自己

每个人都希望自己是完美的，然而人无完人，世上并不存在绝对完美的人。因此，接纳最真实的自己，欣然接受自己在现实中发生的每一个状况，不以物喜，不以己悲，充分发挥引导自己积极努力的动力，从而走向自身成功的道路。

第五章

给自己鼓励，超越从前，去做更好的自己

心理学上有个公式，自尊（自信）=成就/期望，由此可见，鼓励自己是逐步提升人们内心自信的有效方式。人生在世，我们面临着一个又一个的困境，要想突破自我，每一个小小的鼓励都会变成鞭策我们成长的力量，从而提升自信，还要一点一点地超越自我，形成良性循环。

5.1 认清自己，超越自己

尼采的名言语录里有一句话：“生命企图树起自己的云梯——它渴求眺望到遥远的地方，渴望着最醉心的美丽——因为它要求向上！”这是一个积极向上，不断超越自己的人的真实写照。人活在世界上，不能只贪图安逸的享受，否则将永远不能享受到人生的真正乐趣。只有努力创造，不断超越的人，才能在激烈的竞争中占有一席之地，使自己的人生发出璀璨的光芒。

一位跆拳道高手经过了层层考试，终于取得了晋级“黑带”的资格，按照以往的惯例，将有一位德高望重的大师授予他黑带，以示他的能力获得了肯定。

当高手跪在大师面前，准备接受这份来之不易的肯定时，大师突然说道：“在颁给你黑带之前，你还要通过最后一个考验。”

高手回答道：“我已做好准备。”他心想，无论是什么样的高手，我都不会输的。

大师慢慢地说：“你只需回答一个最基本的问题——黑带代表了什么？”

“是我辛苦练功应该得到的肯定”高手毫不犹豫地回答，“还是我学武历程的结束。”

大师显然不满意他的回答，说道：“你还没有到得到黑带的资格，一年后再来吧。”

一年后，高手再度跪在大师面前。

“黑带代表了什么？”大师又问。

高手斟酌了下语言，胸有成竹地说道：“是本门武学中杰出和最高成就的象征。”

大师依然不满意，他说道：“你还没有拿到黑带的资格，一年后再来吧。”

一年后，高手又跪在大师面前。

“黑带代表了什么？”大师还是问了这个问题。

这一次，高手虔诚的回答：“黑带代表开始，代表无休止的纪律、奋斗和追求更高标准的历程的起点。”

大师很满意，欣慰地答道：“好，你已经准备就绪，可以接受黑带和开始奋斗了。”

很多人都认为，自己人生的敌人来自于一切外来因素，其实，我们真正的敌人只有自己。因为疑虑不安，我们没有抓住一闪而过的机遇；因为没有更高的目标和要求，我们就安于现状，故步自封；因为缺乏信心，我们就不去超越自己。但如果你把超越所有人当作自己的最终追求，这显然是不切实际的，我们要做的，仅仅是超越自己，让今天比昨天做的更好，让明天比今天更强。

生命不是要超越别人，而是要超越自己，所以我们要不断地去寻找机会，把握机会，越努力超越自己的人才能越幸运。即使生活给予我们很多磨难，曾经跌倒很多次，但那只是暂时的。衣服可以清洗，脸可以擦干，只要下定决心克服恐惧，便能应对生活中的所有挫折。只要坚定地正视自己，持续地努力，不懈地拼搏，就没有不能改变的命运，要知道，唯有行动才能改造命运。

智者给予我们的忠告：不要轻易用过去来衡量生活的幸与不幸！每个人的生命都是可以绽放美丽的，只要你正视自己，有了坚定的意志，就等于给双脚添了一对翅膀。给自己定个目标，一年，两年，五年，通过努力，往往可以改变70%的命运。破罐子破摔只能和懦弱做朋友，坚强的信念才能赢得强者的心。

当我们一步步去超越自己制定的目标时，你才会感受到那种无法言说的激情，毕竟，没有什么事情是比超越目标更有意义的了。清楚自己目前所处的位置及所面临的现实状态，清楚自己真正需要的是什么，而自己正被什么束缚着。弄清楚这些，自我超越就指日可待。

提示未来的自己

人生是一条奔腾不息的河流，永远不会停留在一个地方，也不会停留在某一阶段，它需要不断地超越。超越，是升华，是突变，是人生不可缺少的阶段，正是这种超越，才使人类从愚昧无知的远古走到文明昌盛的今天。

5.2 克服恐惧，打开心牢

人很容易被种种烦恼和欲望诱惑，结果往往是自己给自己带上心灵的枷锁，然后因为这样或那样的原因抹杀自己的特色，从感到恐惧，到向逆境低头，最后承认自己的失败，将自己放逐在无尽的失败感中。

英国诗人弥尔顿曾说过：“心灵有它自己的地盘，在那里可以把地狱变成天堂，也可以把天堂变成地狱。”的确，如果我们不懂得克服心中的恐惧感，就有可能使心灵变成自己的监牢，把自己封禁起来。

长发公主乐佩有一头长长的金发，她自幼便住在一个偏远的高塔里，过着与世隔绝的生活，和她住在一起的老巫婆天天念叨乐佩长得很丑，她便信以为真，不敢出去见人，还将自己囚禁起来。

直到有一天，一位年轻英俊的王子从塔下经过，他被乐佩公主的美貌惊呆了，从这以后，他天天都要到这里来，陪长发公主说话。长发公主从王子的眼睛里认清了自己的美丽，同时也从王子的眼睛发现了自己的未来。有一天，她终于放下那头上长长的金发，让王子攀着长发爬上塔顶，把她从塔里解救出来。

故事中，囚禁长发公主的不是别人，正是她自己，老巫婆是她心里迷失自我的魔鬼，她听信了魔鬼的话，以为自己长得很丑，不愿见人，就把自己囚禁在塔里。其实，人在很多时候不就像这位长发公主吗?

仔细想想，很多时候，我们就犹如一只游动的鱼，本来可以自由自在地徜徉在深海中，但是突然有一天，我们遇到了珊瑚礁，然后自己就不愿再动弹了，并且呐喊着说自己已经陷入绝境了。想想这有些可笑吧！自己给自己营造了心灵的监牢，然后钻进去，坐以待毙。那么，我们该如何克服内心的恐惧情绪呢?

1.勇于面对未知的事物

人为什么会感到恐惧?因为人们对未知事物的不了解，会容易产生紧张不安的情绪，说到底，还是因为我们自身知识的局限性，这就需要我们不断地开拓视野，了解未知的事物，正所谓“活到老学到老”，你学的越多，了解的越多，就会明白所谓的“未知的恐惧”都是因为自身的局限性所造成的。

2.让自己变得更强大

自古以来，弱小诚服于强大，强大就有足够的力量，对于克服恐惧是十分重要的。恐惧的人是因为从心底察觉到了自己的弱小，也许表面上你还并未发觉，或者不敢或不屑于承认，但不可否认，强大的人比弱小的人会更有安全感，面对恐惧的事物也会更勇敢一些。

3.转移注意力

恐惧的时候精神容易集中，并且神经变得紧张，产生不安和惶恐的情绪，这个时候不妨试着转移一下注意力。如果有条件的话，可以试着看看电影电视剧，记得要选择轻松爆笑一类的，也可以听听音乐，选择自己喜欢的歌手，听舒缓的调子，想象一下你心底的那个人正在对着你微笑。当然，也可以选择看一下窗外的风景，研究一朵花的飘落，如果这些都无法做到的话，盯着一面墙，想象一下它的历史，从最初的砖块到现在洁白的墙面……总之，就是不必去理会令你恐惧的事物，分散注意力。

4.预想最坏的结果，估算自己的承受范围

一般而言，会感到恐惧，追根究底，是因为我们害怕承受未知事物给我们带来的后果。如果我们能预想到未知事物给我们带来的最坏结果，并且估算出自己的承受范围，再想一想，其实也没有那么恐惧了，对不对？

5.性格变得更开朗一些

有句话叫作“江山易改本性难移”，改变性格是一件比较难的事，这里并非叫你扭曲自己的性格，而是在原本的性格基础上稍微开朗一点，试着接纳和自己志趣相投的朋友，那时你会发现你们有聊不完的话题。朋友会让人变得乐观向上，减少恐惧情绪的滋生。

提示未来的自己

人的一生的确充满许多坎坷、许多迷惘、许多无奈，稍不留神，我们就会被自己营造的心灵的监牢所监禁。而心牢，是残害我们心灵的极大杀手，既然心牢是自己营造的，我们就有冲出心牢的能力。那么，就让我们自己动手，克服内心的恐惧，拆除心灵的监牢，挣脱心灵的枷锁，还自己以亮丽的心灵吧！

5.3　挫折是人生的必修课

挫折是人生的必修课，它使我们明白了生命的真谛，告诉了我们要以“正视、不屈、坚持、沉着”的态度对待生活。古语说，“塞翁失马，焉知非福”，当我们在生活中碰到挫折时，不要畏惧，不要厌恶，有时候，挫折对我们来说反而是一件历练意志的好事。挫折可以锻炼我们克服困难的能力，就像参天的大树，若不经过日晒雨淋，树干就不会长得这么结实。以树比人来看，人若不遭遇种种挫折，就不会走向成熟，可以说，一切的磨难忧苦与悲哀，都足以帮助我们成长，所以我们要正视挫折。

在冠达露泊·昆塔尼拉27岁的时候，她一生中最难忘的时刻到来了。那一天，两个儿子所在小学的校长对她说：“你的两个儿子反应很迟钝，我们只好把他们编入与他们能力相仿的阅读小组里去了。”

昆塔尼拉的心忽然一阵悲哀，因为她自己也是一直被列入反应迟钝之列的。她出生在墨西哥，13岁的时候，父亲带她去学校，由于英语智力测验成绩很差，因此被编入一年级。在一年级上了四个月后，由于处处觉得低人一等，她被迫辍学了。16岁的时候，她便与一位美籍医生结了婚。如今两个孩子也被列入低能者，她年少时的自卑再次涌上心头。可她知道孩子是聪明的，只是由于英语不好才受到影响。晚上，她想和他们交谈，孩子的话却让她的心再次震惊：“妈，努力是没有用的，他们说这是遗传！”

那个晚上，昆塔尼拉彻夜未眠，她忽然明白，要想帮助孩子们，必须从自己开始。于是，她下了一个决心，那就是重新去上学！

她去拜访了一位中学教育顾问，那人的答复让她绝望：“你的履历表明你反应迟钝、智力低下，我不能推荐你！”

她泪流满面地回到家。当看到孩子时，心里又涌起了希望，她对自己说：

不要泄气！她又去找孩子的校长，诉说了自己的想法，意想不到的是，校长建议她到得克萨斯南方学院去试试。她兴奋地跑到了那里，该学院的登记员被她强烈的求知欲所感动，答应让她去上四门基础课，不过有个要求，考试不及格就要走人。

昆塔尼拉的求学生活开始了。她每天乘车去学校，赶回来为丈夫和公婆做午饭，接着赶回学校，然后再回家接孩子放学。即使这样忙碌，她仍然努力学习，而且事实证明她的接受能力很强。

第一学期，她受到院长的器重，在院长的鼓励下，她的成绩大幅度上升。随着学习的深入，她发现了一个激动人心的新世界，那就是知识和技术的世界。她忽然觉得自己应该有一个大学学位。于是一年后她进入了潘·美洲大学，那儿离家有70英里，她每周二、四两天坐车去上课，一、三、五仍在得克萨斯南方学院上学。3年后，她取得了初级学院学位，还以优异的成绩取得了潘·美洲大学的理科学士学位。

孩子终于发现了母亲的与众不同，因为一般的美籍墨西哥母亲都不上大学。他们开始钦佩母亲，在她的鼓励和感染下，孩子各方面的能力都迅速提高，自信心也增强了，不但转到了正常的班级上课，成绩也名列前茅。

1971年，昆塔尼拉被授予西班牙文学硕士学位。当豪斯登大学发起新的墨西哥美国文化研究运动时，她被任命为终身理事。她很快适应了行政管理方面的工作，新工作又促使她去攻读博士学位。1973年和1974年是她最忙碌的两年，除了专职行政工作和攻读博士学位外，她继续在大学任教。1977年，她取得博士学位后，拥有了美国教育委员会一年的会员资格。她是有史以来第一个获该委员会资格的拉丁美洲妇女。1981年，她又被提升为豪斯登大学的教务长助理。

此后，昆塔尼拉又赢得了许多荣誉，可是在她的心底，没有什么比对孩子的爱更深的了，事实上她是为了孩子才有了今天的结果。

她当年被看成是反应迟钝的两个儿子，一个成了著名的医生，一个成了律师。昆塔尼拉曾多次对孩子说过："在这个世界，没有人可以说你不行，除非你自己放弃努力！"是啊！只要你不放弃希望与努力，还会有什么做不到的？

挫折是一所每个人都要经历的学校，它与失败一样，都是帮助我们通往成功的向导，经历过挫折，你将学会怎样做人、怎样独立、怎样努力，而这些将决定我们今后的命运。经历过挫折考验的人，更能够从容地面对风雨。俗话说，"不经过风雨，怎能见彩虹"，当你能够战胜挫折时，你会对成功有更深的感悟，你也将拥有一个完美的人生。

提示未来的自己

哲学家科林斯说："不经历挫折，成功也只能是暂时的表象，只有历经挫折的磨难，成功才能像纯金一样发出光来。"挫折并不可怕，可怕的是，经历了挫折却不知道总结挫折的教训，挫折不应该是消沉的原因，而应该是继续奋斗的起点。逃避挫折是解决不了问题的，最好的办法就是与挫折相处，勇于面对它，接受它，并从挫折中吸取人生的经验和营养，从而使自己在不断经历和克服挫折的过程中逐渐成长、壮大，直至走向成功。

5.4 把自身优势转化为成功的支点

每个人都有不同于他人的优势，而成功往往会光顾那些能够找到自身优势并发挥它的人，这就告诉我们，做人做事都要善于发现自己的优势，并坚定地去培养强化它，因为只有它能在困境中带领我们走向成功。

某外贸公司新招聘了两位年轻翻译，一位是法语翻译，一位是英语翻译，这两人都毕业于名牌大学，论学识、论能力均不分伯仲，可以说，未来外贸部的经理人选一定是从这二人中产生。

对此，二人心知肚明，因此在工作上暗暗较劲，每年完成的业绩都不相上下。由于公司主要是由法国人投资，因此法文翻译经常会出席一些高层会议，一时间获得了很多高层领导的肯定。见此情形，英文翻译有些心慌，他认为照此下去，自己肯定会处于劣势，失去很好的晋升机会。于是，他决定凭着大学时选修过法语的基础，暗暗学习法语，准备超越对手。

为了不让别人知道，他学法语是在暗中进行的，他把业余时间都花在了学习上。几年过去了，他拥有了一张法语等级证书，开始尝试着与法商进行会话，帮助营销员处理一些法文的翻译任务。

同事们对他掌握两门语言十分佩服，他自己也有一种成就感。但就在他自我感觉良好的时候，他在翻译与澳大利亚商人的贸易合同时关键词汇失误，给公司造成10万美元的损失。虽然事后公司通过谈判，挽回了部分损失，但公司董事长为此十分震怒。

他也十分内疚，但实在想不明白，为什么会误译一个并不生僻的单词。

反省再三，他醒悟过来，这些年忙学法语，早已疏于对英语词汇的充实和温习，发生错误其实是不可避免的。

他竟在自己的专业上败下阵来，而且他的法语即使苦学几载，也无法达到对手的水平，每思及此，他后悔不已。

每个人的身上都有尚未苏醒的潜能，同时也有没能发挥出来的优势，千万不要像那个英文翻译一样，因为一时的不足和劣势，就彻底放弃自己的优势。我们最应该做的不是让自己变得完美无缺，而是要弄清自己的优势是什么，同时将它最大限度地发挥出来。

人生是充满因果关系的，有时我们自身的劣势会给我们提醒，而优势却又让我们放松了警惕，比如天空突然飘来一朵乌云，三个同行的人各有不同的应对，有人拿出了雨伞，有人拿出了拐杖，还有一人什么也没有准备。等到了终点却发现，带伞的人淋湿了全身，带拐杖的人扭伤了脚，还全身是伤，只有什么也没带的人安然无恙，并且没有被淋湿。问到原因，原来有伞的人没有找地方避雨，继续在雨中行走，因此衣服就淋湿了；有拐杖的人因为不害怕泥泞和坎坷的道路而在雨中前行，不想却数次被泥泞的道路滑倒；什么也没带的人，因为没有伞，所以下雨的时候就找地方避雨，等雨完全停下来了才继续行走；因为没有拐杖，所以不敢走坎坷泥泞的道路，专门找好走的地方走，所以很多时候正是我们具有的优势害了自己。

有一句俗话说“淹死的都是会水的”正是这个道理。一个不会游泳的人，是不会到大海里去游泳的，敢于到大海中搏击的人都是游泳好手。而也正是那些游泳好手，常常被汹涌的海浪所吞没。所以，当我们具有某种优势的时候，切不可忘乎所以。当我们存在明显的缺陷的时候，也不可自弃自馁。因为，优势和缺陷是相互转化的，优势有时变成了累赘，成了失败的诱因；而缺陷有时变成了优势，变成了成功的动力。

每个人都是渴望获得成功的，而那些成功者并不是十全十美、样样全能的人，更多的时候，是他们找到了自己独特的优势，并有效地发挥它，把它转化为自己成功的支点。每个人都有自己独特的优势，“思考型”的人思维跳跃，想法新奇；“能力型”的人做事果断，不拖泥带水；“团结型”的人能够协调各方，调动资源，每个人都像一根杠杆，能够撬动地球，全看我们是否能够找到最适合的那个支点，即发现自身的优势。

提示未来的自己

一个人想击败对手，往往会忘了自己的优势，却沿着对手的思路进行思考，照搬照抄别人的做法。但是，一个走“抄袭”道路的人是根本无法进入别人最为熟悉也最有优势的领域的。人生也是如此，不论你境况如何，你都不会一无是处。譬如诚实、自信、坚强，或者一项技能，你只要拥有其中的一项，并且让它很优秀，它就会成为你一生的资本。

5.5 鼓励自己的方法

没有谁的人生是一帆风顺的，在经受挫折的日子里，如果你信心殆尽，感觉前途渺茫，不要心急，也不要放弃，要相信黑暗只是暂时的，光明终将到来，多多鼓励自己，别让忧愁蒙蔽了你的眼睛。经过鼓励，你的心中将充满希望，不去想失败，不去想困难，那只是人生的一种磨砺，而我们不会因为一次跌倒就放弃前行，我们终将相信，阳光将普照大地，我们也将从低潮中站起来，希望之火终将温暖我们的人生。

黄美廉1964年出生于台南，父亲是位牧师。出生时由于医生的疏忽，造成她脑部神经受到严重的伤害，以致颜面四肢肌肉都失去正常作用。她的爸爸、妈妈抱着身体软软的她，四处寻访名医，结果得到的都是无情的答案。她不能说话，嘴还向一边扭曲，口水也不能止住地流下。14岁时，她全家移民到美国，黄美廉进入洛杉矶市立大学就读，之后转至洛杉矶加州州立大学艺术学院，如今已取得艺术学博士学位，成为画家和作家。

脑性麻痹夺去了黄美廉肢体的平衡感，也夺走了她发声讲话的能力。从小她就活在诸多肢体不便及众多异样的眼光中，她的成长充满了血泪。然而她没有让这些外在的痛苦，击败她内在奋斗的精神，她昂然面对，迎向一切的不可能。由于不能通过语言正确地表达自己的意思，每一次演讲，黄美廉女士总是以笔代嘴，以写代讲，所以，人们又亲昵地称她为“写讲家”。当时，一位学生问黄美廉女士说：“黄博士，您从小就长成这个样子，您会认为老天不公吗？在人生的旅途上，您有没有怨恨？”

对一位身有残疾的女士来说，这个问题是那样的尖锐而苛刻，大家唯恐黄美廉因此感到难堪。但是，黄美廉只是微微一笑，转过身来，用粉笔在黑板上写道：“我怎么看自己？”

尔后，黄美廉给出了这样的答案：

（1）我很可爱！

（2）我的腿很长很美！

（3）我的爸爸妈妈很爱我！

（4）上帝会公平地对待每一个人！

（5）我会画画，我会写稿子！

（6）还有很多的生活方式让我热爱！

……

黄美廉一下子写出了几十条让她热爱生活的理由，并且，是那样的理直气壮。看着黑板上写下的理由，整个“写讲会”上鸦雀无声，大家都感动得热泪盈眶，再也没有人多说话了！

黄美廉转过身来看了大家一眼，再次转过身去，在黑板上重重写下了她的那句名言：我只看我所有的，不看我所没有的……

在场的所有人，无不感动，无不佩服，顿时，传来热烈的鼓掌声，响彻全场。

人们在遭遇逆境时，就是在一次次经受挫折，但是我们不能总是停留在挫败感中，如果不奋勇前进，那么我们注定会被成功抛弃。那么，我们怎样鼓励自己再次前行呢？希望以下几个方法能够帮到你。

1.合理地规划人生

莎士比亚曾说，“行动胜过雄辩”， 这是我们走向人生巅峰的第一步，当我们确定自己的目标后，就要鼓励自己奋起行动，去完成自己的人生理想。

2.控制自己的情绪

人在开心时，会获得无尽的力量，而感到挫败时就会缺乏继续前行的动力。所以我们不要总关注令自己气馁的事，开心的事情就在我们身边，不断地肯定自己，用自己高涨的情绪鼓励自己。

3.随时调整计划

人生不是坦途，它就像一条波浪线，有起也有落，不是所有的事情都会按我们期望的方向去发展，所以就需要我们随时调整自己的人生计划，为自己安排放松、调整的时间，这才是明智之举。只有这样，当我们再度投入奋斗时，才会更加富有激情。

4.直面现在

我们要锻炼自己立即行动的能力，直面现在面对的每一个挫折与机遇，不缅怀过去，也不幻想未来，而是要着眼于今天，踏踏实实地去做每一件事，把自己的整个生命凝聚于此，鼓励自己去追求梦想。

提示未来的自己

可以说，鼓励自己是一种别样的自信，但它绝不是自卑、自傲，如果我们都不相信自己能够成功，那么还有谁会对我们有信心呢？给自己一个鼓励，相信自己有实力去完成每一个目标，相信自己一定能够取得成功，这便是成功的法宝。

5.6 为自己制定一个可行的目标

生活中，每个人都会有为之奋斗的目标，不过有的人目标制定的太过远大，以至于超过了自己的能力范围，结果自然无法实现；而将目标制定的过小的人，因为能轻而易举就实现梦想，就会产生一种骄傲自满的心态；因此，制订一个可行的目标很重要。

虽然目标是人们自己制定的，但制定的是否合理、可行则关系到人们是否能顺利通往成功之路。一个遥不可及的目标会让人心生绝望，从而悲观厌世，而一个触手可及的目标则会让人产生自负自傲的心理，这些都会成为人们前进道路上的绊脚石。

有一个保险销售员问自己的经理：“经理，我的目标是想在一年内赚100万元！我应该怎么做，请您帮我计划一下我的目标。”

经理问这个销售员：“你相不相信你能达成这个目标？”他坚定地回答：“我相信！”经理又问：“那你知不知道要怎样做才能达成这个目标？”他说：“只要我努力拜访客户，多签保单，就一定能达成这个目标。”经理短暂的思量了下，说道：“让我们来分析下，要想获得100万元的收益，你需要作出多大的努力才行。首先，按照我们现有的最高提成比例，你要获得100万元的佣金，最少需要做出300万元的业绩，平分下来，一个月就是25万元，再平分到30天就是每天8 334元的业绩。”经理问他，“若要你每天完成8334元的业绩，你要拜访多少客户？”销售员低头想了想：“大概要50人左右。”经理飞速计算起来：“一天50人，一个月要1 500人，一年就要拜访18 000人，那么你现在有没有这么多潜在客户？”销售员小声地回答：“没有。”

经理继续计算，“如果你没有这么多潜在客户，那么就要通过不断地拜访陌生人来积累，假定你一个客户要谈20分钟，一天要谈50人，这就是说你要花费16个小时在这上面，而且还不算路途时间、休息时间，你是否能够做到？”销售员已经没有一开始的气势，他谦逊地对经理说，“经理，我做不到如此，我也明白了您的良苦用心，我要制定一个可行的目标，而不是异想天开。”

人生的目标不是独立存在的，它需要人们制订相应的计划去付诸实行，目标指导着计划，计划影响着目标的达成。所以，当我们向人生目标努力时，首先要考虑清楚自己的行动计划，要怎样做才能达成，而不是好高骛远，制订一个根本不可能完成的目标。只有制定的目标合理可行，人们才不会在追求中感到困惑、无力，更不会在前进的过程中迷失方向，人们会清楚地知道自己下一步要做什么，并有相应的标准去评判自己的努力是否能够成功。

如果我们发现制定的目标不可行，那就要及时作出调整，避免没有任何意义的付出，然而有些人在设定人生目标时并没有如此深切的考虑，仅仅依靠自己的一丝梦想来支撑，与其如此，还不如一开始就让自己的目标尽可能符合实际，那么，要如何给自己制定一个可行的目标呢？

1.明确自己的目标

有些人总是把目标深藏在自己的心里，但这样会让目标随着时间的流逝而渐渐模糊，直至忘记自己最初的梦想，我们可以将目标写出来，放在明显的地方，时时刻刻提醒自己。

2.细分自己的目标

当目标明确后，我们要细分每一个步骤，写下自己所需的资源和完成每一步所需要的具体行动，这样我们才能知道哪些目标能够实现，而哪些是不可能完成的。

3.把握计划框架

我们要把握计划实行的大体框架，清楚每一步要完成的结果和时间，并根据目标需要，制订详细的小计划，如年计划、月计划、周计划，以便督促自己按照预定计划去完成。

提示未来的自己

每个人都要拥有一个坚定的目标，这会让我们心中充满希望，有了目标人们才会明确自己前行的方向，才能在层层挫折中不断坚守自己的梦想，通过一步步的努力，去实现梦想。

5.7 面对未知的未来，人人都会胆怯

鼓励是一种力量，尤其是来自于自身的鼓励，更是一种巨大的力量，它能点燃人们心中的希望之火，激励着人们向成功的终点前进。

没有人希望自己终日生活在他人的批评中，然而每个人身上都有一些令人不甚满意的缺点和不足，这才给了别人怀疑我们能力的理由，导致我们的心灵常常陷入一种无助和自卑的境地。若此时，能给自己一句平常但真挚的鼓励，这无疑对自己是一个莫大的激励。

我和小周是从小一起长大的朋友，大学毕业那年，他回到家乡探望父母，但家乡的人接受不了他新潮的样子，纷纷在他背后指指点点，“你看看他穿的是什么衣服，都是破洞！”“你看老周家花那么多钱让他上学有什么用，真是全都浪费了。”

小周从村中走过，总有几个调皮的小孩跟在他身后，好奇中又透露出一股轻蔑，喊一句“臭流氓”，然后欢呼着分散开去。

小周从来不理睬这些非议，我知道他从小就喜欢画画，每天早上他早早起床复习功课，晚上完成作业后就安静地在屋子里画画。填报高考志愿时，家

里人都希望小周能报考一家经济学院，毕业后当一名会计，找一份安稳的工作，踏踏实实地生活，然而倔强的小周却坚持了自己的意愿，选择了一所美术院校。

毕业后小周没有回家，在城市做了一名彩绘师，当时家里的人都极力反对，所有的亲戚都轮番给他打电话，劝他打消创业的念头，可小周还是坚持了下来。

我曾问他，你就这么自信自己能创业成功吗？

小周并没有正面回答我，他说在这次创业之前，他已经积累了丰富的工作经验和经营教训，无论是打工还是自己做老板，无论是成功还是失败，这都是属于他的一种财富。最后他说："不是所有人都有能力做出一番大事业，但是小人物也有追求的权利，乔布斯也说过，'时间是有限的，所以不要为别人而活，不要让别人的意见左右自己内心真正的声音'，这句话一直鼓励着我，直到今天。"

去年春节，小周依旧回家探亲，此时他已经是三家彩绘店的老板了，在行业里也小有名气，这一次，村里再也没有人对他指指点点了。

当我们能像小周一样坚信自己能做成某件事情时，无意间就给自己下了一道不容质疑的指令，有什么样的信念就会有什么样的力量，希望以下几个自我鼓励的方法能够帮助你走向成功。

1.心理高度：大声地告诉自己：我能行

有些人有很高的志向，但却从来不敢去追求，其实不是他们没有追求成功的能力，只是他们在自己的心里为自己设置了一个高度。这道限制成了禁锢他们发展的枷锁。我们常常会暗示自己：这太难了，我无法改变现状，我做不到。这个"心理高度"是人们无法取得伟大成就的根本原因，因此不要给自己设置任何界限，充分挖掘自己的能力，每天都要大声地鼓励自己，我能行！我一定可以实现我的理想。

2.理性思考：直面人生并不断改变

人生充满了机遇与坎坷，理智的人在面对困境时从不逃避，而是勇敢面对并积极做出改变。即使我们无法解决当前的难题，正确对待困境也会给予我们莫大的勇气，这时只需要寻求一些必要的帮助，对困境做出必要的认识，就能帮助我们找到正确解决问题的方法。

3.改变思维方式：成功源于我们自身

人与人的差别，很大程度上在于思维方式上，生活中有一大部分人思想十分极端，从而给自己制造了极大的压力，导致最后殊途同归。其实换个思维方式我们会发现，成功的根本在我们自己身上，挖掘自己的能力，给自己足够的信心，就一定能够干成一番成功的事业。

生活因为鼓励而精彩，因为鼓励而幸福，而鼓励并不是不切实际的怂恿。鼓励的作用无法估量，越王勾践兵败之后，也曾心灰意冷，但经过一番自我鼓励之后，他复又振作起来，卧薪尝胆，发愤图强，最终灭了吴国，成为一方霸主。在我们陷于困境时鼓励的力量最易显现，它能给努力者自信，给犹豫者决心，给失意者希望，帮助我们渡过难关，坚定地走向既定的目标。

提示未来的自己

面对未来，人人都会有些胆怯，而那一句句鼓励，又让我们重新找回了自己，鼓励是我们前行的动力，有了鼓励就有了坚持下去的信心，有勇气面对未来的种种挑战，而那最后的胜利就属于我们。

第六章

立刻就去做，美梦需要依靠行动来实现

在人的一生中，总是有各种各样的憧憬与梦想，如果我们能点燃每一个思想的火花，那么我们的事业不知将有多伟大，然而人们总是有各种各样的意外和理由让机遇从我们身旁流逝，有理想而无法实现，最终坐视自身梦想的破灭。那些总想把事情留给明天再做的人多是失败者，而那些成功的人总能够在每件事初露端倪时就立刻迎头去做。因为他们坚信，“要做，立刻做去！”这才是成功的格言。

6.1 只要肯积极行动，你就会离成功越来越接近

每个人的梦想都是美好而璀璨的，但现实中，却很少能见到全力以赴去实现自己梦想的人。人生中最遗憾的，莫过于想做的事很多，但自己却没有为其做出一点努力，以至于最后一事无成。

有些人自称完美主义者，他们总想等到时机对了，所有条件都符合以后，才愿意去付出行动，但现实是，那些人只能是平庸一辈子，恰恰是因为他们一定要等到每一件事情都百分之百的有利，万无一失以后才去做造成的，因为这只会将他们挡在前期准备的泥沼里。

美国麦当劳快餐店在1955年创办初期只是一家经营汉堡包的小店，到了1985年，在美国的50个州和世界30多个国家、地区开设了近万家分店，年营业额近100亿美元，被称为“麦当劳帝国”。它能有今天的成功，完全有赖于创始人雷蒙·克罗克的“一旦决定了就赶快行动”的准则。

1954年的一天，雷蒙·克罗克驾车去一个叫圣贝纳迪诺的地方，他看到许多人在一个简陋的餐馆前排队，他也停下车排在后面。

人们买了满袋汉堡包，纷纷满足地笑着回到自己的汽车里。雷蒙·克罗克很好奇，于是上前看个究竟，原来是经销汉堡包和炸薯条的快餐店，生意非常红火。

雷蒙·克罗克已经52岁了，但还没有自己的事业，他一直在寻找事业的突

破口。他感觉，快节奏的生活方式就要到来，这种快餐的经营方式代表着时代的方向，将会大有可为。于是他毅然决定经营快餐店。他向经营这家快餐店的麦当劳兄弟买下了汉堡包摊子和汉堡、炸薯条的专利权。

雷蒙·克罗克搞快餐业的决策遭到了家人及朋友的一致反对，他们说："你疯了，都50多岁了还去冒这个险。"

雷蒙·克罗克毫不退缩。在他看来，决定大事，的确应该考虑周全；可一旦决定了，就要一往无前，赶快去做。行与不行，结果会说明一切。因为最重要的是行动。

雷蒙·克罗克马上投资筹建他的第一家麦当劳快餐店，经过几十年的发展，雷蒙·克罗克取得了巨大的成功。人们把他与名震一时的石油大王洛克菲勒、汽车大王福特、钢铁大王卡耐基相提并论。

成功来源于诸多要素的几何叠加，正如数学乘式中每个乘项每次只增加了0.1，而乘积将会成倍增长。一个人，如果每天进步一点点，哪怕是1%的进步，他就会离成功更近，以下几个方法可以帮助我们更加积极地行动。

1.立即行动

希望永远都只存在于今天，只有今天才是我们真正能够把握的一天，不要把希望寄托在未来的某一天，一旦你确定了自己的目标，就要立即行动，只有行动，才会让我们不断超越对手，超越自己，所以立即行动吧！

2.成功是有方法的

成功是有方法的，当你能确定自身的目标和实现目标的方法时，你要做的就是学习那些成功人士的方法，将他们身上的优点和潜质移植到自己身上，这样你才能有积极工作的信息，毕竟成功可以复制成功。

3.激发无限可能

即使你在人生最艰难的时候都不要放弃努力工作，你要鼓励自己，永远积极主动地去寻求问题的解决方法，这样才能激发自身无限的潜能，时刻享受人生的精彩。

生活用来判断人们是否具有能力的基础，不在于人的头脑中存有多少新奇的创意，而是人们真正付出的行动。一个人要实现自己的梦想，最重要的是要具备以下两个条件：勇气和行动。勇气，是指放弃和投入的勇气。一个人要为某个梦想而奋斗，就一定要放弃目前自己坚守的某些东西。而投入，是指一旦确定了值得自己去追求的梦想，就一定要全身心投入。心想不一定事成，事成的前提是全力以赴去做，只要你肯积极行动，就会离成功越来越近。

提示未来的自己

世界上有多少人，就会有多少梦想，但为什么有很多人的梦想没能实现呢？原因仅仅是因为他没能付出相应的实际行动。即使有一个宏大的目标，有一个很好的发展机会，若没有付出相应的努力，就不会取得成功。

6.2 多做一点，多给自己一个机会

工作中，我们不应该抱有“我必须为老板做什么”的想法，而应该多想想“我能为老板做些什么”。只是尽职尽责还远远不够，我们应该比自己分内的工作再多做一点，这样将加深别人的印象，也可以吸引更多机会为自己服务。“多做一点”是一种坚持，也是成功者的一种执着信念，在现实生活中，有很多平庸的人宁愿在职场的平坦之路中前行，也不愿在充满机遇的商海中掌握自己的命运之舵。他们习惯了按部就班的工作，中规中矩地完成每一个日常工作，也许不是主观意识的行为，但他们的内心深处总是无意识地逃避困难，给

自己找各种开脱的理由。

诚然，每一个人都没有义务要做自己职责范围以外的事，但是如果你选择自愿去做，以此来鞭策自己前进，以主动的姿态去工作，将会变得更加积极、上进。同时，这种不在乎得失，“多做一点”的态度，将会让你从人群中脱颖而出，你的行为会使你赢得良好的声誉，并增加他人对你的需要。

王东是一家速记公司的实习速记员，一个周末的下午，其他同事已经早早下班了，只有王东一人留在公司整理这一周的工作资料——这本不是他的工作，但他觉得多做一点也没有坏处。就在这时，有一位律师走进办公室寻求帮助，他需要一位速记员来帮他记录一个十分重要的会议，而且这项工作必须当天完成。

王东说，除了他，公司其他的速记员都已经下班了，如果他再晚来一会儿，自己也会离开的，但王东表示自己愿意留下来帮助他，毕竟“这项工作必须当天完成。”

做完工作后，律师问王东，自己该付给他多少报酬，王东摇摇头，“既然是帮忙，我就不会收你的钱，更何况我只是个实习生。”律师没有坚持，只是笑了笑，向王东表示谢意。

让王东没有想到的是，几个月后，那个律师又找到了王东，只不过这次是邀请王东到他的公司工作，薪水要比现在高出三成。

王东放弃了周末的休息时间，多做了一点事情，最开始只是为了帮助律师解决燃眉之急，实际上，他并没有义务一定要帮助那位律师，但他的所做所为却帮他赢得了一个人的尊重与肯定，同时也为自己带来一项比以前更重要、收入更高的工作。也许王东一开始多做一点事的初衷并不是为了获得额外的报酬，但显然，他获得了更多。

若想成为一名成功人士，必须树立终身学习的观念，既要学习专业知识，也要不断拓宽自己的知识面，因为一些看似无关紧要的知识往往会对未来起巨大作用，而“每天多做一点”则能够给我们提供这样的学习机会。

如果不是你的工作，而你做了，这就是机会。有人曾经研究为什么当机会来临时我们无法确认，因为机会总是乔装成“问题”的样子。当顾客、同事或者老板交给你某个难题，也许正为你创造一个珍贵的机会。对于一个优秀的员工而言，公司的组织结构如何，谁该为此问题负责，谁应该具体完成这一任务，都不是最重要的，在他心目中唯一的想法就是如何将问题解决。

比别人多出一份力，比别人做得更勤，比别人做得更好，比别人做得更出色会为你赢得更多的机会。

提示未来的自己

“多做一点”是一个良好的习惯，虽然你没有义务做自己职责范围以外的事，但是你却可以选择自愿去做，来驱策自己快速前进，因为主动是一种极其珍贵、备受看重的素养，它能使人变得更加敏捷，更加积极，无论你是一名职场新人还是一名管理者，“每天都多做一点”的工作态度将使你从众多竞争中脱颖而出，你的同事、老板、客户都会信任你，关注你，你也将得到更多的机会。虽然多做一点工作减少了你的休息时间，但却能为你赢得良好的声誉和美好的职场境遇，从长远来看，这是非常值得的。

6.3 你为什么总是错失良机

世界上有很多人光说不做，总在犹豫；也有不少人只做不说，总在耕耘。成功与收获总是光顾那些有了成功的方法并且付诸于行动的人。其实，人生旅途中处处都有机会，如果你没有抓住它，任由自己犹豫、推脱，那它就会悄悄溜走，稍纵即逝。与其放掉它再去后悔，不如开始的时候就牢牢地抓住它。如果你希望能够获得成功，那就不要错失良机。

机会就像一个转不停的旋转门，当转到你面前时，你应该立即踏进门内，否则就只能等待命运之门下一次再转到你面前。然而虽然旋转门还可以转回来，但改变我们命运的机会却未必能再次降临，所为“机不可失，失不再来”正是如此。

我们都知道，机会总是青睐有准备的人，在1977年国家恢复高考的那一年，各省自行命题，相对来讲，考取的机会要多，一些年轻人很快抓准了这个机会，突击复习中学的课程，最终考上了大学，改变了自己的人生轨迹。有位“文革”前只上过初中一年级的年轻人，从来没有学过化学课，就连元素符号都不认识，高考时，化学竟然考了76分，是各门考试科目中成绩最高的，被一所本科大学录取，毕业后被分配到某研究所工作，退休后又被以专家身份返聘至今。从他身上我们不难看出，人要想改变自己的境遇，就要勇于突破自己的极限，抓住机遇努力拼搏，这样才会有将“不可能”变为“可能”的情况发生。

一天晚上有个人碰到一个神仙，神仙告诉他，有大事要发生在他身上了，他会有机会得到很大的一笔财富，在社会上获得卓越的地位，并且娶到一个漂亮的妻子。这个人终其一生都在等待这个奇异的承诺，可是什么事也没发生。他穷困地度过了一生，最后孤独地老死。当他死后，他又看见了那个神仙，他对神仙说：“你说过要给我财富、很高的社会地位和漂亮的妻子，我等了一辈子，却什么也没有。”

神仙回答他：“我没说过那种话。我只承诺过要给你机会得到财富、一个受人尊重的社会地位和一个漂亮的妻子，可是你让这些机会从你身边溜走了。”这个人迷惑了，他说：“我不明白你的意思。”神仙回答道：“你记得吗？你曾经想到一个好点子，可是你没有行动，因为你怕失败而不敢去尝试？”这个人点点头。

神仙继续说：“因为你没有去行动，这个点子几年以后被另外一个人想到了，那个人义无反顾地去做了，他后来变成了全国最有钱的人。还有，你应该还记得，有一次发生了大地震，城里大半的房子都毁了，好几千人被困在倒塌的房子里。你有机会去帮忙拯救那些存活的人，可是你怕小偷会趁你不在家的时候，到你家里去打劫偷东西，你以这作为借口，故意忽视那些需要你帮助的人，而只是守着自己的房子。”这个人不好意思地点点头。

神仙说：“那是你去拯救几百个人的好机会，而那个机会可以使你在城里得到多大的尊崇和荣耀啊！”

“还有，”神仙继续说，“你记不记得有一个头发乌黑的漂亮女子，你曾经非常强烈地被她吸引，你从来不曾这么喜欢过一个女人，之后也没有再碰到过像她这么好的女人。可是你想她不可能会喜欢你，更不可能会答应跟你结婚，你因为害怕被拒绝，就让她从你身旁溜走了。”

这个人又点点头，这时他流下了眼泪。

神仙说：“我的朋友啊，就是她！她本来该是你的妻子，你们会有好几个漂亮的小孩，而且跟她在一起，你的人生将会有许许多多的快乐。”

就像故事中的人那样，有很多人因为害怕而错失了良机，丢掉了工作、生活、爱情的机会。而机会总是会偏爱那些有心人，它只会留意那些懂得追求它的人，若你终日无所事事，一遇逆境就深感悲观，那么，机会一定会在你不注意的时候溜走。“自古英才多磨难，纨绔子弟少伟男。”“美辰良机等不来，艰苦奋斗人胜天。”如果自己不去创造机会，那么就很可能被社会埋没了，把握机会，寻求机会对我们的人生是十分重要的，我们要时时刻刻睁大双眼，一旦发现机会，就要及时、勇敢地去抓住它。

提示未来的自己

机会，寻可得，坐可失。我们要想得到它，必须积极地寻找机会，敏锐地识别机会，果断地抓住机会，准确地利用机会，而绝不能只把希望寄托在那些偶然事件上，抱着守株待兔的侥幸心理去消极地等待机会。

6.4 想要成功，就不要为失败找借口

有位哲人曾说：“成功的路上尽是失败者”，这句话很对。常言道，失败是成功之母，是催进人们前进的号角，那些取得成功的人，身上都有一个共同的特质，即“正视失败”，他们从不会掩盖自己的失败，反而勇于承担失败带来的痛楚，他们会将每一次失败都摊开在阳光下，不让它藏匿在自己的生命中，这样才会有真正的成功！

一个年轻人，应聘成为某房地产公司的销售员，上班第一天，老板讲了很多鼓励大家的话，其中一句“想要成功，就不要为失败找借口”让他印象深刻。

上班后，他劲头十足，每天早晨6时就出门，晚上12点还在路边发宣传单。他连续拼命干了3个月，发出去的单子最多，反馈的信息也最多，却没做成一单生意。为了给自己打气，他反复鼓励自己，“想要成功，就不要为失败找借口”，开始苦练沟通技巧，主动跟街上的行人说话，介绍楼盘。两个月后，他说话能力提高许多。

有一天，一个抱着箱子的人向他打听三里屯的一家酒吧在哪里，他热情地

告诉对方，但对方还是没有听明白，他干脆领对方去，还帮人抱箱子。告别时，他顺手发了一张宣传单给对方。那个人很感兴趣，第二天就找到他购买了两套房，并说："我平时很烦别人向我推销东西，但你不同，值得信赖。"这一单让他赚到1万元，更让他激动的是，他相信自己能胜任这份工作。

后来，他的一个客户想买写字楼，但拿不定主意。他给这个客户做了一个报告，详细分析各楼盘的特点，同时告诉客户，他的楼盘的性价比优势在哪里。客户最终决定在他的楼盘里买下一个大面积的写字楼。这一单，卖出了2 000万元。

后来，他一个赛季的销售额达到6 000万元，在公司排名第一，按照公司规定，销售业绩进入前五名者可以竞选销售副总监，他决定试试。结果，他成功了。没想到，第一个赛季结束时，他带领的销售组排在最后一名。他在副总监"宝座"上还没坐热，就被撤了。以往被撤销副总监职位的人，大多选择离开，因为他们觉得再也没有颜面当一名普通销售员。他却想，自己被淘汰，完全是因为自己还不胜任，从哪里跌倒，我偏要从哪里爬起来。

重做业务员后，他调整心态，和从前一样拼命工作。2003年最后一个赛季，他又拿到全公司第一，再次竞选当上销售副总监。这一次，他一上任就开始精心培训手下的员工，将自己的经验毫无保留地传授给他们。他说："有大家都好了，我的境遇才会更好。"结果，这个赛季结束，他的组取得很好的成绩，销售额达到8 000多万元，租赁也达5 000多万元。

此后，他所带团队的业绩一直名列前茅，他的收入自然提高，每年的收入都在100万元以上。

他叫胡闻俊，那个告诉他"不要为失败找借口"的老板就是潘石屹。

在现实生活中，人们在做不好事情、完不成任务时总是喜欢把借口当作敷衍外人、原谅自己的"挡箭牌"，宁愿花时间、耗精力去找借口来逃避责任，也不愿花同样的时间、精力去努力做事，把"这事不该我管" "不是我不想做”“我已尽力而为了”“等等再说”之类的借口作为掩饰个人弱点、推卸责任的“万能器”。这无非是想掩盖自己的过失和失职，求得别人的理解和原谅，实质上是推卸责任。这只能让自己暂时甩开包袱和担子，得到身心的轻松，让自己暂时逃避责任和义务，获得心理的平衡。却不知“阴雨天背稻草，越背越重”“小洞不补，大洞吃苦”。

一个人若是习惯了为自己的失误和失职找借口，责任心就会降低，就会疏于努力，不再想方设法争取成功，进而慢慢失去忠诚和自信，降低对工作、生活的热情和激情。

提示未来的自己

“智者听到赞美，自己反思；愚者收到批评，字字反驳。”总有一些人，犯了错、做事失败，就要找出千千万万个借口。所以，别再为自己的不努力找理由了，这些只会让你越来越甘于平庸。就在你为完成不了一项任务找理由、想懈怠时，很多聪明又努力的人正在找方法解决问题，而不是冠冕堂皇地找各种理由。

6.5 活出今天的精彩

有人说，要想活出今天的精彩，一定要学会做三件事。第一件事是只看眼前，把未来会发生的麻烦抛之脑后，这样，你会觉得无比地轻松与满足。第二件事是学会感恩，对待生活，有些人总是心心念念地记得那些困境和挫折，对生活给予他的幸福和快乐视而不见，显然这样只会让他徒增烦恼。第三件事是学会放手，要知道，舍得舍得，凡事有舍才有得。

许多人喜欢预支明天的烦恼，想要早一步将其解决。其实，明天如果真的有烦恼，你今天是无法解决的。每个人每天都有各自的任务和使命，唯有认真地活在当下，努力完成今天的任务和使命，才是最真实的人生态度。

同样，生命的意义也只能从当下去寻找。过去的事，均已过去而不存在。不论是多美好且令人怀念，或是多么丑陋令人追悔，都没有必要沉湎于过去的情绪当中。对过去的怀念或追悔，只能徒增自己的烦恼，进而干扰到当下该做的事情。当然，检讨与反省过去，以为后事之师是可以的，但却没有必要因此而影响当下的情绪。

1871年的春天，一位年轻人随意拾起一本书，仅读了21个字。他的一生就因此而改变了。作为一名加拿大蒙特利尔医院的医科学生，他正担心着如何通过期末考试，担心未来何去何从，担心如何营业谋生。

就是1871年他读到的那21个字，使这名医科学生成为他那代人中杰出的名医。他后来创办了约翰霍普希金斯学院，成为牛津大学钦定的医学教授——大英帝国与医学界杰出人士的最高荣誉。他是英国国王授予的爵士。在他去世之后，他的故事用了1466页的卷本才讲完。

他就是威廉·奥斯勒爵士。1871年春，他所看到的那二十一字箴言，也就是苏格兰史学家卡莱尔所说的，内容大意是“我们的首要任务，并非触及遥远的地方，而是处理眼前的工作”。

42年后，在一个郁金香盛开的柔和春夜，奥斯勒爵士在校园里向耶鲁大学的学生发表演说，像他这样同任四所大学的教授，又是畅销书的作者，大家会认为他理所当然地天赋超常，可他却说这不是真的。他说他最体己的朋友知道，其实他资质平庸。

天性乐观的人会把自己的人生过得十分精彩，而悲观的人则只会将自己的人生经营地更加黯淡。有什么样的心态就会有什么样的人生，人生虽然不能改变我们，但我们可以改变它。以下几点能帮你更好地改变人生。

（1）把握现在。人最怕的就是等待，千万不要为了等待而活。如果你一辈子都在等待，等待着爱情、等待着工作、等待着站在人生的巅峰，那么，你根本无法把握现在，又何谈精彩。

（2）不求完美。因为追求完美的人，比较容易感到焦虑和沮丧。

（3）减轻压力。在百忙当中，我们应该学会偷闲，让自己无牵无挂，才能仔细品尝生活的乐趣。

（4）培养幽默感。幽默感可以让人发笑。而笑，可以减轻痛苦。

（5）知足。人的欲望无穷无尽，不能满足时，便难以快乐，因此唯有节制物质欲望，使欲望容易得到满足，才会产生快乐。

（6）助人。助人为快乐之本，帮助别人也是帮助自己，使自己从中获得快乐和满足，助人不一定要在物质上，简单的举手之劳或关怀的话语，也能让别人快乐，自己也能感染到快乐。

人生的事，没有十全十美的。愿我们都能真实地活在现实、活在当下，珍惜我们活着的每一天。

提示未来的自己

马斯洛说：心若改变，你的态度跟着改变；态度改变，你的习惯跟着改变；习惯改变，你的性格跟着改变；性格改变，你的人生跟着改变。在顺境中感恩，在逆境中依旧心存喜乐，认真地活在当下，才是最可宝贵的。

6.6 给自己充电，为成功的天平增添砝码

在这个科技迅猛发展的社会中，各种知识更新换代速度极快，如果你还抱着“一个文凭过一生”的想法，那么很快你就会落伍，被新时代所抛弃。因此，无论在何时何地，每一个现代人都不要忘记给自己充电，随时充实自己，修炼自己的能力，否则将难以生存下去。

有两个大学生应聘成为某软件公司的程序员，一个叫小林，数学专业毕业，另一个叫小建，计算机专业毕业。由于小建的专业对口，一开始他工作地很顺利，所以常常觉得自己很有优势，就不想再继续深造了。除了领导交代的工作，他再没做过和行业有关的事情，大把精力都投入到吃喝玩乐的享受中去，久而久之，对于更深层次的软件开发研究，他丝毫没有涉猎，一段时间以后，他仍是个普通的程序员。

小林来到公司后，虽然专业并不对口，但是他敢于从头开始，利用一切业务时间狂补软件开发知识，从最基本的键盘操作到软件制作，他一步步地学习，积累自己的知识与资源。为了弥补自己的不足，他常常早到晚走，加班加点研究问题。后来，虽然他的能力已经能够独立完成工作了，但仍不满足，利用业务时间参加行业培训，为自己充电，渐渐地他成了一个行家，最终成了公司的软件分析师。

表面看来，科班出身的小建，比半路入行的小林起点高很多，但由于他的不重视，导致自己工作平平，而作为门外汉的小林，靠着自己的勤奋、刻苦，最终担当了重任。由此可见，我们应该不断地给自己充电，才能有所成就。

保持学习的激情将为我们之后的工作、生活打下坚实的基础。你毕业于哪所学校，学习哪种专业，这已经不再重要，你希望在什么样的单位工作才是我们需要考虑的问题。为了实现对工作的抱负，我们需要随时充电。

如果你是一个刚离开校园的学生，还处于积累工作经验的阶段，那么你可以选择一些能迅速提高能力的充电培训班，既学习到专业的知识，还增加了求职的筹码。若你希望能够在某一个行业做出一些成绩，那么还是选择一些专业的充电方式，如读博士、MBA课程等，如果你由于缺乏专业背景和正规培训，在工作当中没有自信，那就应该选择一个与职业相关的专业，赶紧补补课，尽快提升自己的能力，使自己在职场中更具竞争力。

提示未来的自己

在一个信息爆炸的时代，知识的保鲜期会越来越短，面对市场的搏击，对每个人的知识要求也变得越来越苛刻。要想生存下去，就要学会“充电”，只有不断充电，才能提高在职场中的竞争力，才能在竞争中成为一位不败将军。

6.7 远大的理想要靠行动才能实现

人们总是会有很多理想，比如成为博学多才的文学大家，或者是走遍天下的旅行名士，这些理想听起来都很美好，但却并不容易实现。人们热衷于讨论自己的理想，把它当作一个朦胧的梦境，作为对自己枯燥生活的希望，但却很少有人能够付诸行动，全力以赴去实现自己的理想。

要想“理想成真”，不能仅把它当作一个缥缈的梦，或遇到一点困难就打退堂鼓，甚至彻底放弃自己的梦。正所谓，“心动不如行动”，再美好的梦想，再完美的计划和方案，如果不能尽快付诸行动，那么最终只能是一番空想。

在一个偏远的小村庄，住着一群聪明人，他们从来没有离开过自己的村庄，并一直认为自己的家乡是最美丽富饶的地方。直到有一天，一个商人经过这个村庄，当他得知那些聪明人的想法时，不禁大笑道："这个村庄确实很美丽，但却不是最美丽的，它只是一个小得不起眼的村庄而已，有很多城市比这个村庄更富饶。"说着，商人还将自己随身携带的地图展开给他们看，并说："你们真应该出去看一看，一生只待在一个小地方真是太可惜了。"

聪明人被商人说动了，他们决定出去走一走，看看外面的世界是什么样子。因为大家都没有出过远门，因此在出发前，他们决定做一份周全的计划，从而避免出行在外遇到麻烦。那份计划十分详尽，内容包括了他们要去的地方、需要准备的物品、返回的时间和路线等。但是聪明人总是认为自己的计划缺少了什么，他们找来了一本关于旅行的书，根据书中的内容又补充了几点，比如具体的出行路线、走水路还是陆地，并补充了许多需要的物品。经过几次修改，大家都对这份计划很满意，但他们还是不能出发，因为计划上提及的物品他们都没有准备好。

这些聪明人很快就准备好了需要的食物和衣物，但是却一直没有指路用的地图，所以他们又等了很久，从其他商人手里买到了地图。这时他们又发现，他们还需要有一份火车时刻表，因为他们担心忙着赶路会错过坐火车的时间。就这样，他们陆续发现还有很多要准备的东西，比如指引方向的指南针，能装满很多用品的漂亮行李箱，十分保险又安全的锁头。等到人们把一切东西都准备好之后，他们才发现自己已经年老体衰，根本没有力气去远行了。更何况，他们当初想去看看世界的雄心壮志早已被时间消磨掉，最后他们一生也没有离开这个小村庄。

你有没有想过，究竟是什么阻止了我们去实现自己的理想呢？想去周游各地，却没有足够的经费？想学习外语，却没有足够的时间？想要做一件大事，却没有成熟的条件？凡此种种，都是对我们自身没有毅力做成事所找的外在理由，有了这些理由，我们就能为自己开脱，然后继续过自己平庸、平凡且没有压力的生活，让曾经的理想化作镜中花、水中月。

一个人，光有远大的理想是远远不够的，还要有能将其付诸实现的行动，在这一点上，成功者都会迅速地制定计划和方案，锁定目标然后马上行动，而不是坐在原地等待机遇从天而降。英国著名文学家劳伦斯有一句名言：成功的秘诀，在于养成迅速去做的好习惯，而那些前怕狼后怕虎的人，在彷徨中裹足不前，结果导致机会总是白白溜走，其实仔细观察不难得知，那些成就斐然的人，并不是他们的眼界学识高于其他人，只是因为他们习惯于一边梦想一边行动，这才是“理想成真”的真正要义。

提示未来的自己

其实，是否能实现自己的理想，最主要还是在我们自身，外在因素只占其中一小部分。人要想实现自己的理想，勇气和行动是必不可少的，我们要有放弃某些事物的觉悟，也要有即将投入很多精力的勇气，毕竟，没有人能够在平坦舒适的平地上观看到险峰的无限风光。

第七章

做事尽全力，要让成功的可能性最大化

总有人将人生比喻成一条长长的路，在这之中，我们会看到如花朵般美丽的机遇，也会遭遇如荆棘般刺痛的困难，面对这种情况你是否曾觉得很迷惑，不知该何去何从？其实人生并不如你想的那般复杂，无论你选择了哪条路，最后只会有两种结果：成功或是不成功。

虽然有些时候，成功与否并不由我们来决定，但你若能在这个竞争激烈的社会中，竭尽全力地做好每一件事，这才会有一个好的结果。尽全力付出是一种积极、主动的精神，它将体现出人生两种截然不同的命运。因此，如果你想成为一个成功者，从今天起就做一个奋力拼搏，绝不后退的人吧！

7.1 不断努力，才能真正成为成功者

人的一生会遇到很多问题，当遇到困难时，很多人会打退堂鼓，如果还没有付出努力，就去想失败的后果，慢慢的自己将失去坚持的动力，直至放弃努力。

失败是人们通往成功路上的绊脚石，但失败并不可怕，只是有的人跌倒后会失去信心，他们被失败打击得没有了原有意志，每天都消极度过，敷衍着对待每一件事，成功自然会离他越来越远。如果你能够不断努力，用心拼搏，当你挥洒着汗水为自己的明天奋斗时，所有的艰难险阻都会度过，所有的困难也都会得到解决，你会发现，你已经成为了一个成功者。

李密是一个厨师，当他在法国深造的时候，最向往的就是能够到以古典美为特色的众神佳肴餐厅实习。该餐厅已经连续近30年稳居“米其林美食三星餐厅”之列，而它的另一个知名之处是，对料理烹饪手法的严格保密，所以它从不接受外国实习生。据说有时连法国本土著名厨师学校毕业的人都得不到当实习生的机会。

李密决定去这家餐厅碰碰运气，当他拿着自己的履历表在后厨门口徘徊了30分钟后，正好看见厨师长走了出来，他赶忙走上前去，抑制住自己兴奋的心情，向厨师长问好，并将手中的材料递给他。厨师长并没有翻看李密的履历，直接说道：“这儿没有你的位置，请回吧！”

第一次的尝试以失败告终，但李密没有死心，过了几天，他又拿着履历材料来找厨师长，然后不出意外的又被拒绝。李密仍不想放弃，他觉得虽然自己不是法国人，但他对法国菜的热爱一点也不输给本土人。即使他不是师出名门，基础也有些薄弱，但这不是阻止他通往成功的障碍，反而会成为他不断完善自己的动力。

就这样，李密一边在巴黎一家小餐厅里努力学习，一边继续到众神佳肴餐厅申请实习，当他第九次去的时候，发生了一件他没想到的事情，餐厅经理认为他对餐厅的经营造成影响，选择了报警，李密十分惊慌地离开了，在回家的路上，他第一次感受到挫败，难道我真的只能放弃了吗?

第二天，李密第十次来到餐厅门口，这一次他没有带履历材料，而是带了一张飞往中国的机票和一个实习合同，他对一脸不快的厨师长说，“厨师长先生，我只希望对您说一句话，说完以后我将回到中国，以后也不会再来了。”

今天如果我再遭到您的拒绝，我将回到中国，到时，中国人就失去了品尝您亲自制作美食的机会，他们会觉得法国料理不过如此，您拒绝我一个人不要紧，但对您来说，您损失的是向一个国家传播美食文化的机会，比较起来，您的损失比较大。

尽管李密说话的声音很大，但他内心却十分紧张，对他来说，这真的是最后的机会了。这时，厨师长走向他，翻了翻实习合同，然后对李密说：“合同我收下了，你明天可以来上班了。”

李密终于成功了，他成了这家餐厅第一个外籍实习料理师。有时他会想，如果没有之前那九次不顾脸面的尝试，也就不会有这最后一次的成功。

成功的公式是：成功=坚持+坚持+再坚持，很多成功人士都坚信这个公式是正确的，因为只有不断地去尝试、不断地去努力，才有可能取得成功。当然，一次努力不一定取得成功，但一次不努力一定不能取得成功。这就是坚持的重要性。在面对困难时，每个人都有选择的权利，是选择知难而退、放弃努力，还是选择坚持不懈、继续奋斗，这将会给我们带来不同的结果。

当遇到挫折时，失败者总是会想，“不要用鸡蛋去碰石头了，我会粉身碎骨的”，然后他就会轻易放弃，不再努力，显而易见，他也不会获得成功。而那些靠不断努力得到成功的人对这种想法从来都是不加理会的，他们在失败时总是会再去尝试。他们会这样激励自己：“这是一条难以成功的道路，现在让我再从另外一条路上去尝试一下吧！”

提示未来的自己

人生的道路崎岖不平，只有向自我挑战才能往前行。成功的秘诀就是：每当我们失败时，要想方设法再去尝试，总结自己的过失和教训，用积极的人生观激励自己不断进步！且把自我挑战当成一把锐利的刀，用它去斩除旅程中的荆棘，超越巅峰，超越自己。

7.2 为了实现自己的梦想，我们需要坚强

坚强是一种品性，是人生遵循宇宙之则，万千锤炼，磨砺出来的结果。坚强也是一柄掌舵的桨，也是每一个人在不幸和屡遭失败中支撑身心的精神柱梁，更是斩却心之魔的一把利剑。在生活中，每个人都是一个勇敢的战士，只是有些人从没有一个恰到好处的时机来让他们表现出自己的勇敢。可悲的是，有些人在命运的考验中，暴露了他们与勇敢形成极大反差的怯懦，从而一败涂地，随波逐流。每当困境来临时，能帮助我们的只有坚强。

年初，姐姐打来电话，说要把女儿送到北京，让我关照一下。

第二天，我没有去接她，她是哭着找到我家的，我对她说，我可以管你吃住，但钱要你自己去挣，我不会给你一分钱。

她听后睁大了眼睛。第三天，我通过朋友给她找了个临时工作。十天之后，她的心情开朗起来，当她拿到工资的时候，已经变得活跃了。正在这个时候，我叫那位朋友开除了她。朋友很直接地对她说，你不能胜任这份工作，你舅舅的面子也只值一个半月。

外甥女一夜无话，她的沮丧我是知道的。第二天，她的眼睛红肿。我说，你现在可以选择回家。外甥女摇头，我要留在这里，我要工作。

那好。我说，你现在就去买报纸，报纸会让你首先找到工作，你目前最大的任务是糊口，你知道，我不会给你一分钱。她再一次瞪大眼睛看着我。

第二天，我给她租了房子，让她搬出去住，离我较远。我跟她说，在北京，你没有舅舅，今天有，明天不一定有，今年有，明年不一定有，人生是无常的，你赤条条来到人世本无依靠，要学会坚强，自己的路，一个人去走。她听完后，表情极为复杂。

两个多月后，她再次失业，来到我家时，人很消沉，她说，想挣一份工钱真不容易。

我说，你失业，我祝贺你。她惊诧地看我。我说，其实你已获得比钱更珍贵的东西。

两天后，外甥女又找到了新工作。她说她看准了，要去卖库存衣，把过时的衣服卖给外地来京打工的人们。我笑着鼓励她。

一个月后，她血本无归，很茫然地看我。我说，别哭，学会坚强！

去年冬天的时候，她拿出储备金，再一次走上创业之路。这一次，她卖的是水果，算是有一点儿利润。

之后就“非典”了，萧条的市场让她皱紧了双眉。我又说，分析市场。她问，怎么分析呢？我说，非典会弄死一批行业也会兴旺一批行业，此消彼长是大自然的规律，你去想，去看报。

她很认真地分析了一天一夜，然后决定卖口罩，去人流比较多的地方。五天下来，她赚了两千多块钱。回来向我展示她的骄傲。我笑：“五天你本有可能净赚两万的。”她眯起眼睛来看我，像看一个神话。我说：“去印名片，带上样品，去敲每一个公司的门；注意质量、信誉、礼貌；自己去推销，有业务了，再花钱请两个送货的人，都要有手机。”

二十天后，外甥女说，她赚了6万元。

去年八月，外甥女去了南方。临走的时候，她跟我说，大舅，我今年最大的收获不是赚钱而是学会了坚强，初来的时候我曾恨您，怪您冷酷，但现在我明白了，您没给我一分钱，但您给了我一生都享用不尽的“坚强”，现在我已经拥有了最强大的资本——坚强！今后任何一条孤独的路，我都会有信心以最为强悍的姿态走下去。

梦想，可以说是人生最大的财富。一心想要实现梦想的人，谁也阻挡不了他，除非是他自己先放弃。而在通往梦想的路上，总是会碰到阻碍行进的石头，这不是别人设下的路障，而是我们自我设置的难关，我们必须想办法将它搬开，才能打开通往梦想的道路。

在实现梦想的过程中，除非你自己，否则没有人能真正为难你。拥有梦想的人，会比没有梦想的人，更加坚强、更加勇敢、也更有力量。

提示未来的自己

在生活的道路上，有灿烂的阳光，也有阴云密布，然而心灵是脆弱的，偶尔的风吹雨淋，也会使自我感觉碰上了世界末日，但是当你在风雨的摇曳中稳稳地站定之后，看到的阳光却是那样的灿烂，每一天依旧充满着期望，暂时的失败并不能说明什么，坚强些，你将看到风雨后的彩虹，那真是世界上最美的风景。

7.3 鼓励自己，你会发现自己真的能行

每个人心中都有一个美好的理想，一个我们愿意为之付出所有努力的目标，但有的时候，当我们咬紧牙关，拼尽全力去工作、学习时，却发现那个梦想和目标却是可望不可即，在这种精神和肉体的双重折磨下，有些人会心生退意，望而却步，最终选择了放弃。可是如果我们能退一步想，放弃这个目标真的是因为我们做不到它吗？

在生活中，人们常常会为了共同的理想和深厚的感情，为其他力不从心的人加油，鼓励。难道我们自己就甘心做一个放弃了理想，没有奋斗目标的失败的人吗？当然不是，我们更要不断地鼓励自己，为自己加油，有些优点和苦楚只有自己知道，因此来自自身的鼓励最能鼓舞自己。这时你会发现，实现理想的路途并不遥远，而你真的能成功。

“今天我是以一种平和的心态上场，落后的时候我告诉自己，一定要相信自己。”——跆拳道女子67公斤级冠军罗微。

那一年是罗微第一次参加世界性的专业比赛，而希腊又是一个十分注重体育赛事的城市。当罗微来到跆拳道比赛会场时，体育场内正人声鼎沸，东道主希腊选手占有了绝对的优势，几乎所有的观众都在为她加油助威。在这种声势下，一向强势进攻的罗微显得有些拘谨，那些听不懂的喊叫声生带给了她莫大的心理压力，因此她破天荒地选择了防守战术。此时，站在场下的陈立人教练声嘶力竭地向罗微呐喊：“罗微，不用着急，不用怕她，只要正常发挥就能赢，你有实力。”

在这句话隐隐约约传入罗微耳朵里之前，希腊观众一边倒的助阵声势确实对天不怕地不怕的罗微造成了一定影响。她身高、腿长，是一个天生的进攻型选手。从前的比赛中，她也确实是以进攻为主的，但这次怎么这样拘谨呢，防

守反击可不是罗微的优势啊！陈教练急了，跆拳道协会前任主席魏纪中也急了，他也大声地对罗微喊道：“不要太保守！稳住，你能赢，加油！”

罗微听到了台下自己人的叮嘱，她的头脑蓦然清醒起来。是啊，对方的实力根本没自己强，怕她做什么呢？看台上的加油声再大，哪怕大到把体育馆震塌，自己还是最棒的啊！“金牌应该是我的！”罗微对自己说，最后她果然摘得了这一赛事的桂冠。

在罗微成功的背后，不仅有她付出的辛苦与汗水，还有相当一部分对自己的肯定与鼓励。鼓励自己是一种希望，它能帮我们忘记失败的痛楚，失败只是我们的一次尝试，它不会将我们打败。人生路上有很多的曲折变数，我们不能因为一次的失败就放弃前进，你会发现，阳光依旧灿烂，生活依旧美好，我们心中的希望之火也会熊熊燃烧，照亮我们前行的路。

鼓励自己是一种意念，在努力奋斗的日子里，我们需要的就是持续不断的、永不服输的信念。鼓励自己，世界如此美好，我们可以失败，但是不能放弃努力，坚强的信念将使我们更加进取，更加坚定，直至走向成功。

鼓励自己是一种自信，人可以自信，但不能自傲或是自卑，如果我们自己都不相信自己能够成功，那还有谁会对我们有信心呢？给自己一个鼓励，相信自己，努力地去做每一件事，绝不能一次不如意，便丢掉我们熟悉的自信，它是我们成功的法宝。

世事多变，不可能尽如人意，生活中总会出现一些突如其来的变故，打乱我们原本的计划。这时，我们所能把握的只有自己。任何意外都只不过是为胜利增加谈资，使成功的盛宴更加丰盛。不管发生任何事，都要记住：你是最棒的！鼓励自己，相信自己。

提示未来的自己

一句我能行，会使你真的能行；一句我可以，会使你真的可以；一句我了不起，会使你真的了不起。时刻鼓励自己，能擦出星星之火，而星星之火又点燃了希望的灯，为我们照亮了远方的路。鼓励能给人自卑的心灵点亮光芒，使我们走向成功。

7.4 自信是成功的源泉

一个平凡的人，如果他有十分坚定的自信心，那他一定可以干出一番令人刮目相看的事业。而自信心不足的人，即便天资聪颖，能力超群，想要成就一番事业也是相当困难的。无论先天优势还是后天努力，能否取得成功都与自信息息相关。自信是成功的源泉，相信自己能做到的人，他们终将能够完成目标，而对自己丧失信心的人，必然难以成功。

美国著名影星史泰龙是在拳脚交加的暴力中长大的，他的父亲是一个赌徒，母亲是一个酒鬼。小时候，父亲赌输了，又打老婆又打他，母亲喝醉了也拿他出气发泄，以至于他常常被打得皮开肉绽，鼻青脸肿。由于他相貌一般，学习成绩也很普通，所以高中便辍学了，在街头当混混。

直到他20岁的时候，一件偶然的小事刺激了他，使他醒悟反思："不能再这样下去，我一定要成功！"

于是史泰龙下定决心活出个人样来，要走一条迥然不同的路。但是做什么呢？从政，可能性几乎为零；由于他没有学历和文凭，进大公司发展是不可能的；经商，又没有本钱……他思索着。在想不出其他出路的情况下，他想到了当演员。因为当演员不需要查验过去的经历，也不需要本钱和文凭，一旦成功，却可以名利双收。但是他显然不具备演员的条件，长相就很难使人有信心，又没有接受过任何专业训练，更没有“天赋”的迹象。

然而，“一定要成功”的驱动力，促使他认为，这是他今生今世唯一出头的机会，一定要成功！史泰龙对自己充满了自信。

于是他只身来到好莱坞，找明星、找导演、找制片……找一切可能使他成为演员的人。他处处推销自己：“给我一次机会吧，我要当演员，我一定能成功！”

他一次又一次被拒绝了，但他并不气馁。他明白失败乃成功之母。每被拒绝一次，他就认真反思、检讨、学习一次。

难道真的没有希望了吗，难道赌徒、酒鬼的儿子就只能做赌徒、酒鬼吗？史泰龙暗自垂泪，痛哭失声。不行，我一定要成功！眨眼间两年已过，钱花光了，他只好在好莱坞干一些体力活维持生计。后来他想出了一个“迂回前进”的方法：先写剧本，待剧本被导演看中后，再要求当演员。

当时的他，已经不是刚来时的门外汉了。两年多耳濡目染，每一次拒绝都是一次进步的机会，一次口传心授的学习。因此，他已具备了写电影剧本的基础知识。

又过了一年，剧本写出来了，史泰龙遍访导演：“这个剧本怎么样，让我当男主角吧！”导演们普遍的反应是，剧本还可以，但让他当男主角，简直是天大的玩笑。他再一次被拒绝了。

他不断对自己说：“我一定要成功，也许下一次就行，再下一次，再下一次……”

在他一共遭到一千两百多次拒绝后的一天，一个曾拒绝过他二十多次的导演被他的精神打动了：“我不确定你是否能演好，但你永远不放弃的精神令人佩服。我可以给你一次机会，但不是电影而是电视连续剧，同时，先只拍一集，让你当男主角，看效果如何。如果效果不好，你就不要再来了。”这一刻终于到来了，虽说有点晚，但史泰龙终于可以一试身手了。机会来之不易，他丝毫不敢大意，全身心投入进去。没想到第一集电视剧创下了当时全美最高收视纪录——他真的成功了！

史泰龙的成功，源于他坚定的信心和不屈不挠的精神，自信促使他勇于面对拒绝并最终走向了成功。

自信是人生中照亮成功道路的一束阳光，是促进成功的催化剂。拥有自信的人让人更容易相信他们的能力，因而也会得到更多的锻炼机会，使他们成为更有能力的人。智者往往很自信，他们从来不内疚、自责；他们有强烈的意识，可以抓住每个万分之一的机会，享受着成功的愉悦；愚者缺乏自信，做事没有激情，他们会为小小的过失懊悔不已，更不敢同别人去比拼，他们生活在自己狭小、阴暗的没有阳光的心理空间之中。一个真正拥有自信的人，不会让自己的人生随波逐流，他们会扼紧命运的喉咙，成为自己的主人。

提示未来的自己

生活中，失败、错误都是难免的，我们无法拒绝它们的发生。智者常以乐观的态度来看待失败和错误，他们知道已经发生过的是无法改变的事实，哪怕是刚过了一分钟，唯有去勇敢地面对它，冷静地分析失误的原因，吸取有用的教训，重新投入到新的事情中去，避免再出现类似的错误；而愚者则会为过去的错误而烦恼，并长久地陷入其中不能自拔，但是却于事无补，除了增加精神上的痛苦之外，毫无意义可言。

7.5 即使在最坏的情况下，也要学会感恩

也许只有面临失败，我们才能体会到感恩的重要，来到一个陌生的环境，面对不同的人和不同期望，我们难免会有压力，然而当面对别人给予我们的每一点帮助时，我们都要心存感恩。要坚信，生命在给予我们挫折的同时，也赐予了我们坚强，当我们有了一段人生阅历后再来用一颗感恩的心去体会，你会发现完全不一样的人生，因此，请对生活报以感恩的情怀。

成功学家安东尼说：“成功的第一步就是先存有一颗感恩之心，时时对自己的现状心存感激，同时也要对别人为你所做的一切怀有敬意和感恩之情。”

每个人的生命只有一次，人生之路走过去就不会重来。当我们面对挫折甚至磨难，身处逆境乃至绝境的时候，千万不要轻易放弃！尽自己最大的努力，并对生活深深感恩，这样，即使得不到预想的结果，也不至于捶胸顿足、后悔不迭。

程序员史蒂文斯在一家软件公司干了八年，正当他干得得心应手时，公司倒闭了。这时，又恰逢他的第三个儿子刚刚降生，他必须马上找到新工作。

有一家软件公司招聘程序员，待遇很不错，史蒂文斯信心十足地去应聘了。凭着过硬的专业知识，他轻松地过了笔试关。两天后就要参加面试，他对此充满了信心。

可是面试时，考官提的问题是关于软件未来发展方向的，他从来没考虑过这方面的问题，结果他被淘汰了。

不过这家公司对软件产业的理解让他耳目一新。他给公司写了一封感谢信：“贵公司花费人力、物力，为我提供笔试、面试的机会，我虽然落败了，但长了很多见识。感谢你们的劳动，谢谢！”这封信经过层层传阅，后来被送

到总裁手中。

三个月后，史蒂文斯却意外地收到了该公司的录用通知书。原来，这家公司看到了他知道感恩的品德，在有职位空缺的时候自然就想到了他。这家公司就是美国微软公司。十几年后，史蒂文斯凭着出色的业绩成了微软的副总裁。

或许生活中的每一件事都无法尽善尽美，但我们还要感谢生活，感谢给予我们工作的老板，感谢给予我们生存的自然，感谢给我们生命的生活，每一天都充满感恩之心，即使遇到很多挫折与恶意也不要计较，更要积极的将每一天视作一个新的开始，一段新的体验。

我们生活在社会上，有了生存和实现人生价值的平台，我们的思想和才智才有了展现的舞台。当然，每个人的成功都离不开自己的努力，但扪心自问，我们的每次成功不是只靠自己实现的，正是因为有了他人对我们的支持和帮助，我们学习到了新的知识和技能，才有了成功的机会，因此，我们不得不对他人感恩。

满怀感恩地去工作生活，它将能为我们带来更多值得感激的事情。这是宇宙中的一条永恒的法则。班尼迪克特说："受人恩惠不是美德，报恩才是。当人拥有感恩之心的时候，美德就产生了。"不要以为工作是平淡乏味的，当你满怀感恩之心去工作时，你就很容易成为一个品德高尚的人，一个更有亲和力和影响力的人，一个有着独特的个人魅力的人。

提示未来的自己

当我们在工作生活中学会了宽容，学会了付出，学会了回报，学会了感恩，能够用微笑去对待每一天，用微笑去对待人生，对待朋友，对待困难时。你将会拥有幸福美好的人生，朋友们，感恩吧！感恩生活，感恩父母，感恩朋友，感恩人生给予我们的每一点，接受生活中的一切安排。要相信：感恩将为你开启一扇神奇的力量之门，发掘出你无穷的潜力，迎接你的也将是更多、更好的机会，成功离你已不远。

7.6　全力以赴，奔向终点

有时候，人生就如同一搜航行在大海上的船，虽然有时会一帆风顺，但也难免会遇到惊涛骇浪，能否成功到达人生彼岸，完全取决于我们是否全力以赴奔向终点。

在美国有位残疾的退伍军人，很多单位都拒绝了他的求职申请，而每一次他都迈着坚定的步伐，继续寻找新的工作机会。

这一次，他来到了美国最大的一家木材公司求职，公司总裁有意考验他，便跟他说："这个周末我的妹妹在犹他州结婚，我要去参加她的婚礼。麻烦你帮我买一件礼物。这个礼物是在一个礼品店里，非常漂亮的橱窗里面有一只蓝色的花瓶。"他描述了之后，就把那个写有地址的卡片交给了那位退伍军人。退伍军人接到任务后，郑重地向他的老板承诺："我保证完成任务！"

这个退伍军人立即行动，他走了很长时间才找到那个地址，但当找到地址的时候，大脑一片空白。因为这个地址上面根本没有老板描述的那家商店，也没有那个漂亮的橱窗，更没有那只蓝色的花瓶。也许你会想，跟老板解释下，对他说："对不起，你给我的那个地址是错的。所以我没有办法拿到那只蓝色的花瓶。"但是，这位退伍军人没有这样去想，因为他向老板承诺过：保证完成任务。所以他结合地图然后通过扫街的方法，在距离这个地址五条街的地方，终于看到了老板所描述的那家店，远远地望去，就是那个漂亮的橱窗，他已经看到了那只蓝色的花瓶。但令他失望的是，这家店已经关门上锁，提前关门了。

退伍军人并没有放弃，他结合黄页和地址，终于找到这家店经理的电话。当他打过去电话说要买那只蓝色的花瓶时。对方说："我在度假，不营业。"然后就把电话撂下了。他想，即使我付出惨重的代价，我也要拿到那只蓝色的花瓶。他想砸破橱窗拿到那只蓝色的花瓶，但这时有一个全副武装的警察来到了橱窗面前，这个退伍军人耐心地等了好久，那个警察丝毫没有走的意思。

这个时候，这位退伍军人意识到什么，他再一次拨通该店经理的电话，他第一句话说："我以自己的性命和一个军人的名誉担保，我一定要拿到那只蓝色的花瓶，因为我承诺过，这关系到一个军人的荣誉和性命，请您帮帮我。"

那个人不再挂他的电话，一直在听他讲。在战场上，因为他承诺战友，一定挽救战友的生命，一定要把战友背出战场，为此他身负重伤，留下残疾。那个经理被他感动了，终于决定愿意派一个人，给他打开商店的门，把这个蓝色的花瓶卖给了他。退伍军人拿到了蓝色的花瓶，他非常开心。但这个时候一看时间，老板的火车已经开了。他没有放弃，开始给他过去的战友打电话，最终找到了一位愿意把私人飞机租借给他的人，然后他乘驾飞机追赶到老板乘坐的火车的下一站，当他气喘吁吁跑进站台的时候，老板的火车正好缓缓地驶进站台。

他按照老板告诉他的车厢号，走到老板的车厢，看到老板正安静地坐在那里，他把蓝色的花瓶小心翼翼地放到桌子上。然后跟老板说："总裁，这就是你要的蓝色的花瓶，给您妹妹带好，祝您旅途愉快。"然后转身就下车了。

新的一周开始，上班的第一天，老板把这个退伍军人叫到自己的办公室。跟他说："谢谢你帮我买的礼物，我妹妹非常喜欢。你完成了任务，我向你表示感谢。其实，在这过程中你面对的一切困难都是我们设置的，但这都没有阻碍你完成任务的决心。你出色地完成了任务，现在我代表董事会正式任命你为本公司远东地区的总裁……”

世界上有三种人，一种是以尝试的心态做事的人，他们总是带着怀疑和不确定的心态看待事物，因此很难取得成功。第二种是尽力而为的人，他们能够努力做事，但是遇到一点挫折就会给自己寻找退路，以“我已经尽力”作为失败的借口，他们有可能会成功，但概率较小。第三种是做事全力以赴的人，为了在这个竞争激烈的社会中谋得一席之地，他们会不惜一切代价，克服所有的困难和障碍。他们清楚地知道自己需要什么，以及自己要怎样做才能成功，他们一边努力一边积累经验，不会给自己的失败找借口，只会想如何去解决问题，因为他们深信，只有全力付出，才能得到回报。

提示未来的自己

只有全力以赴去做事的人，才能将人生路上的每一个困难都踩在脚下，成功必然属于他们，他们不会为自己留退路，也不允许自己有退缩的借口，所以只会不断地努力，克服一切困难和障碍，最后心安理得地告诉自己：“我的成功是因为我尽全力去付出。”

7.7　再小的机会也有成功的可能

一代名人曾国藩曾在家书中说，“唯天下之至诚能胜天下之至伪；唯天下之至拙能胜天下之至巧”，古人也曾有“大智若愚”的感悟，古往今来，那些真正的成功人士，无一不是以诚、以拙、以愚来面对世间的艰难，并取得非凡成就的。客观地说，愚拙之人从不会投机取巧，敷衍办事，反而更有耐心，遇到困难从不会逃避，反而更能坚实基础，从而走出一片新天地。

他的前半生是意大利一个小镇上默默无闻的穷画家，他穷困潦倒，没有人欣赏他的作品，他的画一幅也卖不出去。他苦心创作的画，连街头的面包也换不来，为此他常常饿着肚子。可是就是这样的困境，他仍然坚持创作。

在他三十多岁的时候，深陷困境的他只好千里迢迢地去米兰投身到一位热爱画画的公爵的门下。这位公爵很喜欢画画，可是公爵对他的作品并不欣赏，只是给他提供一些基本的生存条件。公爵很看不起他，认为他不过是一个庸俗的画匠而已，美术创作对他不过是一种狂热的奢想，凭他的水平只能做一个在街头给人画像的画匠而已。

一天公爵突发奇想，要在自己刚装修好的餐厅的空白墙上画上一幅壁画。公爵门下的好多画家听说这个这消息后都争先恐后地纷纷涌上门来，希望能得到这个机会。

他也去争取，可是公爵拒绝了他："这只不过是一个餐厅的壁画而已，很无关紧要的，不用劳您大驾了。"

可是他再三恳求公爵，最后在他的百般央求后，公爵把餐厅的壁画交给了他。

开始创作后，他一遍又一遍通宵达旦地勾勒草图，一次又一次地在那堵墙壁前徘徊思考。一连几天了，他还迟迟没有动笔。公爵看着他耽误了工期就催促他："这只不过是一幅餐厅的壁画，用不着你那么劳心费神，随便画一幅就是了。"

但是他并不这样想，他并没有把这幅作品看成一幅普通的壁画，而是看成一件精品去做。他查阅了大量的资料后开始动笔了，可是他并没有像公爵说的那样只是随便涂涂就匆匆完工，而是每画一笔都很谨慎，有的时候甚至思考几天才动笔画。公爵来视察了好几次，可是他的进展非常地缓慢，公爵非常不满地对他说道："你快点画！餐厅马上就要投入使用了。"就这样，街头画匠只要十几天就可以画好的壁画，他却整整画了三个月。

餐厅投入使用了，每一个来用餐的人都会注意到他的这幅壁画，最后往往是宴会变成了讨论和欣赏这幅壁画，而他也声名鹊起。

几百年后，这幅公爵餐厅里的壁画成了世人皆晓的一幅名画，它价值连城，这幅作品就是《最后的晚餐》，而他就是世界美术史上伟大的画家——达·芬奇。

就因为达·芬奇的这幅壁画，公爵餐厅里的那面普通墙壁也身价百倍，成为了美术史上的圣地，而达·芬奇也因此名垂千古。

再小的机会也会有成功的可能，我们不仅要像达芬奇那样去勇于抓住每个机会，还要脚踏实地的耐心付出，如果急于求成，只靠偷懒耍滑的手段，只会白白葬送大好机会。

古往今来，凡是精品佳作，必然经过千锤百炼，做事也是一样，那些功成名就之人，哪一个都曾付出了看似"愚拙"的笨功夫。开国之初，一代代航天学家远离城市，埋首科研，以"特别能吃苦、特别能战斗、特别能攻关、特别能奉献"的精神，拿下了核弹大国的荣誉；今天，诺贝尔奖得主屠呦呦在成百上千个药方中不断筛选，历经多年，最终才成功提炼出青蒿素。这些成功者，都是依靠勤奋、坚持的笨功夫，一步一个脚印的摸索着前行，最后才取得了专业领域的最高成就。

时代在前进，万事万物也都需要创新，有些时候，使巧劲能让我们做事事半功倍，但这并不代表成功也有捷径可循。艺术家为了唱好台上的一分钟，台下要付出十年的苦练，顶级大厨为了做好一道菜，必然是经过千万次的试验，才找到完美的味道。他们为了成功，都付出了持续不断的努力，并没有天上掉馅饼这样的好事，成功只有埋头苦干这一条路。

提示未来的自己

著名的数学家华罗庚曾写过一首诗，他说：“妙算还从拙中来，愚公智叟两分开。积久方显愚公智，发白才知智叟呆。埋头苦干是第一，熟练生出百巧来。勤能补拙是良训，一分辛劳一分才。”从这首诗中我们可以看出成功的诀窍，就是要依靠“愚劲”和“拙气”，“伪聪明”并不是人生成功的捷径。

第八章
找到你的路，发掘你自己的潜能和价值

人，之所以要不断挖掘自己的潜力，就是因为他们已经认识到自己是有价值的，在这个社会上，每个人都有自己存在的意义，关键是看你能否找到自己的定位。在现实社会，我们并没有表现出多少令自己满意的能力，甚至和大多数人一样，平凡地过着每一天。为此，我们相当困惑：难道我们就是现在这样的状态吗？但是我们又能做什么呢？我们年纪已经不小，我们还能有怎样的个人价值或社会价值呢？不要迷惑，你要擦亮自己的双眼，找到适合你自己前行的路，当你能发掘出只属于你的潜能和价值时，你会发现世界将变得与从前不同。

8.1 远离虚荣，人生才能更完美

在我们生活的社会，每个人的资源不同、条件不同，工作和生活的水平也不可能一概而论。素质的高低，贫富的落差都会导致有些人对自己现状的不满意。有些人羡慕别人开跑车、住豪宅；有些人羡慕别人工作优越、生活富足。其实，若能将这些“羡慕”转换为生活的动力，那么这些人也将很快改变自己现有的处境。但如果只是一味地羡慕别人的生活，自己却没有付出相应的努力，不考虑自己的实际处境而盲目攀比，只会让自己迷失在欲望之林中，找不到出口。

那么要怎么做才能避免盲目攀比呢？我们要懂得珍惜自己已经拥有的，远离虚荣，不要在乎别人的生活，尽自己的努力认真过好自己的生活，让每一天都充实而快乐，就能获得幸福的生活。

一条小鱼原本生活在大海里，但它感到没有意思，它很羡慕那些生活在漂亮鱼缸里的鱼，因此总是一心想找个机会离开大海。一天，小鱼被老渔夫和他的儿子打捞上来，它高兴极了，这下好了，它也能过生活在鱼缸里的悠闲生活了。

就这样，小鱼被放在一只破鱼缸里，欢畅地游来游去，它觉得现在的自己美极了，这就是它想要的生活。每天，老渔夫总会往水缸里放些鱼虫，小鱼很高兴，不停晃动身子，展示自己漂亮的鳞片。老渔夫很高兴，又撒下一大把鱼虫，小鱼大口地吃着，累了则可以停下，打个盹。小鱼开始庆幸自己的美妙命运；庆幸现在的生活；庆幸自己一身花衣，它自言自语道：这才是幸福的生活，比在大海里自己寻找食物舒适多了。

日子一天一天地过，小鱼一天一天地游，它似乎有些厌倦，但再也不愿回到海中去了。“我是一条漂亮的鱼，我要住到更大、更漂亮的鱼缸里”，它总这么对自己说。

后来，老渔夫出海打渔不幸遇难，他的儿子收拾了东西准备搬家，家里的家具都带上了，只忘了那条漂亮的鱼。鱼在缸里大喊：“嗨！带上我，别丢下我！”结果没人理它。

鱼很悲伤，它开始抱怨，抱怨水缸太小，抱怨伙食太差，抱怨老渔夫儿子对它无礼，甚至抱怨它决意离开大海时伙伴们为何不加阻拦，抱怨一切，唯独忘了抱怨它自己。

它又开始幻想：一个富商路过此地，发现一条漂亮的鱼，于是把它小心地收好，养在家中的大水塘里，每天都有可口的鱼虫……

过了几天，太阳升起来了，老渔夫的家里只剩下一口破水缸和一条漂亮的——死鱼。

贪慕虚荣的小鱼，离开了自己生活的大海，它被虚荣蒙蔽了眼睛，把掌握自己权利的机会交给了别人，最终落得个凄惨的下场。

从小鱼的故事中，我们可以看出，每个人都有自己优势，同时也有不可避免的劣势。所以，真正的智者不会一味地拿自己的不足去换取虚荣，他们会在生活中找寻适合自己生存的位置，让自己的优势得到发挥，即使是很小的优点，也能让他收获成功的喜悦。而以下几个方法，可以帮助我们正确认识虚荣心，并且有效地克服它。

1.树立正确的人生观

一个人的价值，不在于他的自我感觉，而在于他行为的社会意义。只要树立正确的人生观，具有远大的人生目标，就不会为一般的荣誉、地位和一时的虚荣所缠绕，而会为更高的价值努力奉献。

2.正确对待荣誉

每个人都需要成就、威望、名誉、地位和自尊，但这一切都应当与一个人的真实努力相符。例如，一个学生想取得好的学习成就，必须通过自己的刻苦努力，认真学习，否则用欺骗的手段赢得的“荣誉”是虚假的、不光彩的。这样不仅得不到别人的尊重，还会受到他人的蔑视和否定。

3.要有自知之明

我们不仅要看到自己的长处和成绩，也要看到自己的短处和不足。只有对自己采取实事求是的态度，才能避免过高估计自己，从而克服虚荣心理。

4.正确对待舆论

我们生活在群体之中，总免不了别人的品头论足，但对于舆论，我们要提高辨别是非的能力，对于正确的应当接受，对于不正确的要给以纠正或分析判断，绝不可凡事人云亦云，被舆论左右。

提示未来的自己

通常情况下，虚荣心会随着人的欲望而不断膨胀，以至于最终控制住人的思想，使其变成欲望的囚徒，再也无法解脱。而我们只有坚定自己的信念，远离虚荣，才可以寻找到幸福的生活。

8.2 梦想决定你成功的高度

美国著名政治家威廉富布莱特曾说，我们要敢于思考“不可想象的事情”，因为如果事情变得不可想象，思考就会停止，行动就会变得无意识。

人们是生活的创造者，想要什么样的生活，完全取决于我们的创造能力。对年轻人来说，想要获取成功并没有那么难，只要心怀梦想，眼中有目标并为之付出努力，那么成功的概率要远远大于那些没有梦想的人。

那些明确知道自己志向的人，在面临困难的时候，他们能够更加坚持，始终保持勇往直前的信念；而那些没有梦想的人，在面临困难的时候，根本不知道自己为什么要与困难抗争，于是很容易知难而退。因此，梦想决定你成功的高度，目标则决定你成功的概率。记住自己的梦想，设定自己的目标，这是每一个不打算虚度人生的人，都应该谨记的。

从前有个村庄，那里的村民都很贫穷，但是他们每天都在辛勤地耕耘着。一天村里来了个智者，村人就向他询问为什么村里会这么穷，他告诉村民，你们这里需要座庙，要有佛像，只要你们诚心信佛，那你们就会富裕的。于是村民们商量决定，派人去寻找雕刻佛像的石匠和石头，有两个人找到了最好的石匠，也有两人找到了他们觉得最好的石头。当石匠来到这个贫穷的村庄时，很不愿意，认为以他的手艺，到这个贫穷的村庄里很委屈。可是当他看到那块石头时，意识到这是一块他有生以来所见的最好的石头。于是石匠开始雕刻佛像，当他敲下第一刀时，敲飞了一块石片，石头大叫出声：“好痛啊！”石匠摸着石头告诉它：“你忍着，我会用我的心把你雕刻成最好的佛像，让万人尊敬你，朝拜你。”

于是石头忍着，石匠刻了一刀，两刀，一百刀，两百刀，当石匠刻到两百刀时，石头又大声叫起来：“好痛啊！我忍不住了，我只是块普通的石头，我不要做什么让万人朝拜的佛了。”石匠听了很伤心，他只好放弃了雕刻石头成佛的心愿。村民只得重新再找一块石头。于是他们又去到当初发现这块石头的地方，找到了另外一块石头，把它运回村里，石匠又开始重新雕刻，可是当他刻下第一刀的时候，同样听到石头大叫：“好痛啊！”于是他又告诉石头：“你忍着点，我一定会用我的心把你雕刻成最好的石佛，让世人尊重你，朝拜你的。”石头听了就忍着疼痛。

一刀，两刀，一百刀，两百刀。当石匠把它的身体刻得伤痕累累的时候，它也成为了一座最好的石佛。村人建了一座庙，把石佛供在里面，这时人们发现在石佛的旁边还立着一块没有成型的石头，于是人们就把他打磨成了一块石板，放在庙门外，让前来朝拜的人踩踏。附近的村民都知道这个村的石佛很灵，来朝拜的人也就越来越多。有天深夜，石板问石佛：“为什么我们都是出自同一座山，来自同一个地方，你却可以受到那么多人的尊重和朝拜，我就得让那么多的人来贱踏呢？”石佛告诉它：“那是因为我忍受了你不能忍受的痛，所以我才有今天。”石板听后伤心地哭了，一切都是它自己选择的，是它没能坚持到最后，没能忍受住那最后的几刀。所以只能永远做让万人贱踏的石板，永远做不了让万人尊重和朝拜的石佛了。

两者的差别：一个关注自己的梦想，一个关注自己的感受。你可能会有这种感觉，随着时间的流逝，我们身边的朋友、同学、同事，有的人变成了“石头佛像”，有的人变成了“石头石板”，他们所取得的，都是他们之前为梦想所付出的努力。你期望自己怎样生活在这个世界上，未来成为一个什么样的人？不管你希望拥有财富、事业、快乐，还是期望别的什么东西，都要明确它的方向在哪里，为了得到它我们需要做出什么样的付出和努力。

提示未来的自己

大部分的人之所以过得不快乐，并不是因为自己的欲望或野心得不到满足，而是根本就不知道自己的欲望和野心是什么。只有明确了自己的梦想，并为之付出艰辛的努力，才能走出迷茫，直至达成目标。

8.3 懂得取舍，才能成就人生

一位名人曾说：“人的一生就是一个选择、取舍的过程。”这句话道出了人生最朴素、最简单，也是最重要的哲理。每个人都有不同的想法，对工作、对生活、对爱情，当他们为了实现心中的想法而努力时，无论成功与否，都不可避免地面对取舍的问题。

人除了生存的欲望，还会有其他各式各样的欲望，有时候，欲望可以帮助人们促进生活的改善。可如果欲望太过强烈，无疑会造成人们的痛苦和不幸，因此，学会取舍，调节自己的欲望，才能成就人生。

罗丹是法国著名雕塑大师，曾应法国作家协会邀请为著名作家巴尔扎克塑像。接到这个任务后，罗丹有些为难，因为他知道巴尔扎克是著名的文学泰斗，举世闻名，可他长得很丑，不但又矮又胖，而且肚子很大，怎么样雕刻才能把巴尔扎克塑造得完美一些，而又不失他本来面目，给人们以永久的纪念呢？为此，罗丹伤透脑筋。经过权衡，他决定实事求是地去做，以真实外貌雕塑巴尔扎克，只在形态上做调整，主要凸显出他的精神美和内在美。

设计定型后，罗丹便着手动工。他把巴尔扎克的雕像设计为这样一个姿态：身披睡衣，双手叠在胸前，昂着硕大的头，眼睛注视着人间，像在思索又像在蔑视。原来预定雕塑时间为一年半，结果却整整用了七年时间才把雕塑完工。罗丹在雕塑完巴尔扎克像之后曾让自己的学生观看，找出雕像的不足之处。学生们看到老师的作品纷纷赞叹不已，认为这座雕像十分完美，尤其雕像的双手简直达到无可挑剔的地步。

“这双手老师雕刻得太精致了，我们从来没有见过这么完美的手。”听着学生的赞叹，罗丹仔细观察雕像的双手，他越观察越觉得这双手确实很完美，是整个雕像最突出的部位。但是由于它太完美了，注意力不由自主集中在这双手上而忽略了整个雕像，反而起了喧宾夺主的作用。

罗丹越看越别扭，举起斧子把那双完美的手给砍掉了。学生发出惊呼：“老师，这双手雕刻得这么完美，您为什么要砍掉它呢？简直太可惜了。”

“我之所以砍掉这双手，就是因为它太完美，有了它自己的生命，成为一个独立的整体了，使这座雕像失去真正的意义。我雕塑的是一座雕像而不是一双手。一件真正的艺术品不能出现部分比整体更重要更突出的现象。我砍掉双手为的是突出整个雕像的意义。”

听了罗丹的话，学生恍然大悟，但是法国作家协会无法接受罗丹的做法，罗丹非常痛心，因为没有人理解他，但他毫不屈服，认定真理不会灭绝，迟早会有人承认他的雕像，更会理解赞同他那种求真的观念。果然，罗丹去世后，人们开始理解并接纳罗丹的雕刻真理，把那座残缺的巴尔扎克的雕像誉为珍品而收藏至今。

无论是艺术还是生活，都离不开取舍之道，有舍才有得，取舍是相互伴随的。我们总是希望能够“取”得很多东西，常常忽视了“舍”，其实若你能够做到适度的放弃，淘汰掉自己不擅长的弱项，那么你的所做所为并非怯弱逃避，反而是为了能够更好地进步，正如故事中罗丹那大胆的一斧，虽然砍坏了一件作品，但他的作为反而成就了更高的艺术。

人生无常，懂得取舍，学会选择，才能拥有一份成熟，才会活得更加充实、坦然和轻松。学会把握时机，因为明智的选择胜于盲目的执着。古人云：塞翁失马，焉知非福。选择是量力而行的睿智和远见，放弃是顾全大局的果断和胆识。只有学会选择和学会放弃的人才能彻悟人生，笑看人生，拥有更加海阔天空的人生境地。

提示未来的自己

生活中，种下一种心态，收获一种习惯；种下一种习惯，收获一种性格；种下一种性格，收获一个人生。因此，我们若能怀着一颗素雅的心去欣赏生活，便会收获意想不到的美丽。学会取舍，便会淡看荣辱得失，让清淡的日子活出精彩；学会平和，便会让脚步轻盈，心在路上，永远不会疲惫；学会宁静，便会闲看庭前花开花落，淡看天边云卷云舒，凭一份洒脱，享受诗意的人生。

8.4 打造独立思维，创造一个机会无限的世界

真正拥有独立思维的人，才会拥有精神上的享受，但那些具有思维定式的人，即使拥有了广阔的天地，如果不能做好管理，终日显得杂乱无章，那么就不如那些精心打理的小花园。同样的，即使一个人拥有大量的知识，但却从没有独立、认真地思考过，学会吸收知识的精粹，那么这些学识就远不如那些虽所知不多但却经过认真思考的知识有价值。

只有当一个人能把自己的知识与见解结合到一起时，把每一点都相互比较

之后，他才能真正理解和掌握人生的真谛，并收为已用，为自己打造一个机会无限的全新世界。

有一次，美国电视台的著名主持人比尔问一个七八岁的女孩：“你长大以后想做什么？”女孩很自信地答道：“总统。”全场观众哗然。比尔做了一个滑稽的吃惊状，然后问：“那你说说看，为什么美国至今没有女总统？”女孩想都不用想就回答：“因为男人不投她的票。”全场一片笑声。比尔：“你肯定是因为男人不投她的票吗？”女孩不屑地说：“当然肯定。”比尔意味深长地笑笑，对全场观众说：“请投她票的男人举手。”伴随着笑声，有不少男人举手。比尔得意地说：“你看，有不少男人投你的票呀。”女孩不为所动，淡淡地说：“还不到三分之一。”比尔做出不相信的样子，对观众说道：“请在场的所有男人把手举起来。”言下之意，不举手的就不是男人，哪个男人“敢”不举手。在哄堂大笑中，男人们的手一片林立。女孩露出了一丝轻蔑的笑意：“他们不诚实，他们心里并不愿投我的票。”许多人目瞪口呆。然后是一片掌声，一片惊叹……

有时候，如果你的目标是想超越那些已经取得某些成就的伟人，那么你就不能再按部就班地去做每一件事，第一个要改变的就是你的思维方式，因为只有全新的独立思维，才能产生不同于常人的结果，为自己创造一个充满无限机会的世界。有些人总觉得这很难，觉得不可能发生，其实我们要庆幸，因为独立的思维并不需要我们具有超人的智慧，就像故事中的小女孩，她靠着自己的独立思维，为人们带来了一个全新的结果，令人惊讶不已。

下面这五点，可以帮助我们打造出自己的独立思维。

1.堵住惯性思维的源泉

有时候，惯性思维的产生是由于人们共享了太多信息，如图书、电视、网络等，在我们使用这些信息时，会限制自己的思维框架和方向，如果你能堵住这些来源，在看书看报之前先自己思考，减少对媒体的使用，你就可以提高独立思考的能力。

2.创造思维的冲突

有意的创造一些与常规思维冲突的事物，将能帮助我们更好地思考和打造独立思维能力，有时那些冲突的事物可能来源于一本名不见经传的书，或者是未经科学证实的传说，关键不是我们要证明什么，而是在体验的过程中，斩断惯性思维对我们的影响，帮助我们更加独立。

3.置身事外，旁观者清

当你能把惯性思维抛之脑后，就能以一个全新的角度去看待每一个问题，真正做到置身事外，为自己开创全新的思维视角。

4.持续怀疑

这里说的怀疑并不是要我们对所有事物都抱有恶意，你可以开发一下自己本能的怀疑思维，这种习惯是来源于常规思维的。在怀疑的过程中，我们可以充分运用各种逻辑证实事情的“真相”。

如果你能按照以上几点去做，就能在独立思维中收获与常人不同的答案，还会发现旁人早已忽视的机会和全新的答案，你会比缺乏独立思维的人拥有更多的知识和竞争力，更重要的是，你会造就属于自己的崭新世界。

提示未来的自己

没有正确的独立思考，就不会有创新的答案和新行动，每一个取得成功的人都有一个勤于思考的习惯，他们会在独立思考的过程中发现问题并解决问题，从而取得人生的成就。人的思维能力是唯一一个由人自身控制的，可以说，任何一个有意义的构想和计划都是出自思考，思考可以支撑起人生。但敏锐的独立思维不会从天上掉下来，而是需要经过严格的训练和培养。

8.5 挖掘自己的潜能，理想付诸实现

在生活中，有能力的人容易取得不俗的成绩，但并不是所有有才能的人都能成就自己的事业，如果不能挖掘自己的潜能，才华没有得到展现，那么自然无法获得相应的成就。古人说，“不到高山，不知平地”，如果不经过失败，就不会知道成功的艰辛，与其哀叹自己命运不济，不如充分发挥自己的潜能，使理想付诸实现。

挖掘潜能如同挖井，挖掘的过程自然不会一帆风顺，也许我们与潜能只相差一步就放弃了，所以只有那些坚信自己潜能的人，才能挖到水源。一个在困难面前唉声叹气的人，是很难成就大事的。如果我们在遇到困难时积极寻找方法，寻求解决的出路，而不是一味地怨天尤人，裹足不前，那么就有可能出现“山重水复疑无路，柳暗花明又一村”的奇迹。一个真正拥有自信的人，也是最能挖掘自身潜能的人，遇事不愁、不恼、不怒，相反是多思、多想、多干，潜能必然能及时给予回报。

致远自幼便表现出过人的智商，每次考试总是名列前茅，他读高中时，有位老师对他寄予厚望说：“以你的成绩及读书的天分，大可以转到任何一家名校就读，将来你考进全国最高学府的机会更大。”致远听了，马上摇头，然后说“老师抬爱了，名校不是我这种水平的人读得上的。”老师听后觉得十分可惜。

几年后，致远参加了美国大学的入学考试，成绩出来后致远简直不敢相信，他的成绩非常好，足以申请美国顶级学府。但致远始终坚信这只是凑巧，他还是认为自己的能力不足以上名校，最终他选择了去一家三流的学校学习。

大学毕业后，他的同学都进了大公司工作，因为他们希望有较大的发展。可是致远却选了一家小规模的公司，他的理由是：“人少的公司学习的机会多

些，竞争也没有那么激烈。”

可是世事的安排却似乎与致远作对，他服务的那家小公司因为业绩不断提升，进行了一连串的扩张，致远凭着出色的工作业绩，职位也不断升高。然而致远却并不开心，每一次晋升，致远总会有些莫名的恐惧，他总是说：“我哪里有能力担任这个职位呢？”

由于致远对自己的潜能毫无认识，因此他对自己的能力一点信心也没有。他变得越来越紧张，而随着这种情绪而来的是他的工作表现显著地退步，犯错的次数也日益增加，他不能处理好分内的工作，最后精神终于崩溃了。

后来致远不得不在疗养院中痴痴呆呆地过日子，若是有人在他面前轻声说“工作”两字，就可以把他吓得半死。

现实生活中，有很多像致远一样的人，他们不了解也不接受自己的潜能，因而给自己的人生设置了许多限制。如果他们能够充分了解并发掘自己的潜能，那么完全能够将自己推上一个又一个的人生顶峰。

一般说，人脑的学习潜力只发挥了不到10%，而90%以上的都被浪费掉了，如何开发这部分的学习潜力呢？

第一，学会自我分析，反思自己。如果我们想要开发自己的学习潜力，那就必须要先分析、认识到自我的学习潜力，充分挖掘自身的优点，反思自己的不足，这样才能及时改进，发挥自己的优势。

第二，学会自我暗示法。我们都知道，暗示能帮助我们激发自己在工作和学习上的潜能，以提高工作和学习的效率，当我们在进行自我暗示时应保持自身的情绪稳定，这样才能在潜意识中产生强烈的印象。

第三，学会适当加压。俗话说，有压力才有动力，适当的压力有利于自己的不断进取，从而帮助我们不断向着更高的目标奋进。

第四，人际关系和谐促进学习潜能发挥。人际关系处理的和谐圆满，能使人心情愉快轻松，极大地促进学习潜能的发挥。

挖掘潜力前你每天要问自己这样几个问题：

（1）我自信吗？我的能力和信心会不会受到别人的影响，如果我的身边有能力比我强，成就比我大的人，我会不会感到挫败，如果我身边的人都在抱怨世事的不公，我是否依然能够清醒地面对自己，是否还能知道我每天应该做什么？

（2）我敢于直面困境吗？当我跌落到人生的谷底，我是否还能有勇气再站起来？

（3）我真的专注吗？当我制定了目标，就一定能够不受别人影响而坚定地走下去吗？

（4）我存在的意义是为了什么？是为了活着而活着，还是为了开创更美好的现实？为了实现自己的人生价值，我能不能充分挖掘自己的潜力呢？

潜能是自在的，聪明人一定是使“自在”变成“自为”的人。成功者，往往是那些善于挖掘潜能的人。基于平日的学习、观察、积累，逐渐形成一种潜在力量，在急需时，它将会迸发出智慧与力量的火花。

提示未来的自己

潜能，有精神的，有物质的；有内在的，也有外在的。充分调动潜能，将发挥出超常的能量，帮助我们战胜一切困难与问题。但挖掘潜能不能只靠祈祷，而要依靠我们一次一次的实践与努力，因为大家都懂的，天上是不会掉馅饼的。

8.6 走一步，看十步

美国著名作家唐·多曼在《事业革命》一书中说，“把眼光放长远”是踏上成功之路的一条秘诀。一个人如果想要成就大事，就必须要把他的眼光放长远，只有把整个世界都装在心中，才能看到更为广阔的天地，而不是只看到眼前的一点利益。没有远见的人是绝对不可能成大事的，甚至连小事也很难做成。因为只有把目光投向远处，才能有大志向、大决心和大行动，才不会因为一时的得失而停住奋斗的脚步。

一个人最大的成功，不在于眼下他已经取得了多少成就，而在于他此刻的行为能够为他自己日后的发展带来多大的帮助。虽然成功是一步步积累出来的，但只有每一步都能为下一步打好基础才有可能走得更远，爬得更高。

王凯和王德是一对兄弟，他们同时受雇于一家超市，开始时他们的职位都一样，从最底层的采购干起。可不久王凯受到总经理的青睐，一再被提升，从领班直到部门经理。王德却像被遗忘了一般，还在最底层混。终于有一天王德忍无可忍，向总经理提出辞呈并痛斥总经理狗眼看人，辛勤工作的人不提拔，倒提那些吹牛拍马的人。

总经理耐心地听着，他了解这个小伙子，工作肯吃苦，但似乎缺了点儿什么，缺什么呢？三言两语说不清楚，说清楚了他也不服，看来……他忽然有了个主意。

“王德先生，”总经理说：“您马上到集市上去，看看今天有什么卖的。”

王德很快从集市上回来说：“刚才集市上只有一个农民拉了车土豆在卖。”

“一车大约有多少袋，多少斤？”总经理问。

王德又跑去，回来后说有40袋。

“价格是多少？”王德再次跑到集市上。

总经理望着跑得气喘吁吁的他说：“请休息一会儿吧，看看王凯是怎么做的。说完叫来王凯对他说：“王凯先生，您马上到集市上去，看看今天有什么卖的。”

王凯很快从集市上回来了，汇报说到现在为止只有一个农民在卖土豆，有40袋，价格适中，质量很好，他带回几个让总经理看。这个农民一会儿还将弄几箱西红柿上市，据他看价格还公道，可以进一些货。想到这种价格的西红柿总经理大约会要，所以他不仅带回来几个西红柿作样品，而且把那个农民也带来了，他现在正在外面等话呢。

总经理看了一眼红了脸的王德，说：“请他进来。”

有一个成语叫“鼠目寸光”，用来形容那些只顾眼前不顾长远的人，而那些懂得为以后考虑的人，我们则用“深谋远虑”来形容。人生就像下棋，只有把眼光放远，学会走一步看十步才能把控全局，获得最终的胜利。

提示未来的自己

在人生的起跑线上，每个人都想全力冲刺，成为人生的赢家，但是只有把眼光放远，心中装着终点的人才能成为最后的胜利者，远见能帮助他预见一切困境，并帮助他迈过每一个沟坎，带领他走向一个又一个成就的高峰。

8.7 看准目标，再去努力

智者曾说，“一个人要走自己的路，本身并没有错，关键是要正确选择脚下的方向”，走自己的路，让别人去说，关键是看我们走的路是否正确。如果一个人选择了一条死路，那么他注定难有辉煌，最终将会被历史的长河淘汰。一个又一个成功者的故事告诉我们，一定要重视“选择”的力量，因此，当你遇到困难时，不要束缚自己的双眼，你要看清局势，看清未来的方向，这样当你再坚持一下，再向前一步，有可能就能找到解决问题的方法。

成功者之所以能成功，就是因为他们选择了正确的道路，并执着地走到了终点。成功不是老天给予的，而是靠我们的判断、选择，经过努力而来的，如果万事都顺利，那我们又有什么去努力拼搏的价值呢？所以说，人们不要再去抱怨命运的不公，不要抱怨机遇总是一晃而过，因为这些都是要靠我们自己去选择、去判断、去争取的。

有一个年轻人，他做事十分勤奋、努力，但经过多年的拼搏，还是没有什么大的成就，他感到十分困惑，听闻深山里住着一位智者能解答天下难题，他便慕名前去拜访，希望能够得到一些指点。

智者听完他的讲述，并没有说什么大道理，反而叫他跟自己的弟子们一起去五里外的山上打柴。年轻人虽然不明白智者为什么这么做，但还是跟着去了。打柴是个力气活，年轻人用尽全身的力气也才打了六捆，在回来的路上，小山一样的柴火压得他抬不起腰，最后实在扛不动了，他只得把两捆柴扔在路边。又走了一段山路，他不得不又扔掉两捆，最后气喘吁吁地背着一捆，拖着一捆，艰难地回到了智者的住处。

一同前去的大弟子和二弟子则不同，他们先是分开砍柴，各自砍了两捆，然后将这四捆柴挂在一根扁担上，一起抬了回来，不仅如此，他们还将年轻人丢掉的那四捆柴也抬了回来，轻轻松松地带回了八捆柴。而身材矮力气小的小弟子，正坐着木筏从上游漂回，他的木筏上也赫然摆放着八捆柴。年轻人看到这一幕惊呆了，他沉思了片刻，便拜谢了智者。

故事中的年轻人没有正确预估自己的能力，也没有做任何工作的计划与准备，一进山就开始拼命砍柴，虽然努力做事，但却没有任何详细的计划和准备，他的勤奋值得肯定，但工作效率却实在不高，最后他拼尽了全力，贸然背起六捆柴，结果寸步难行，最后只得放弃一大部分，费时费力又没有成果。这种依靠蛮力、缺乏智慧的做事方法，只能导致事倍功半。

智者的弟子则不同，大弟子和二弟子利用了团结的力量，齐心协力共同抬回八捆柴，他们付出的努力与回报是对等的。而小弟子深知自己的体力不如人，他便借用河水与木筏的力量，选择适合自己的运输方法，一个人轻松地拿回了八捆柴，可以说是事半功倍。

做事勤奋、努力固然重要，但一定要重视选择的力量，人们只有选对了目标，才能朝着它去努力奋斗，最终取得成果。在工作与生活中也是如此，有时忙忙碌碌的工作、学习，效果并不一定理想，反而浪费了很多时间。

选择的力量很奇妙，它可以让人的工作效率变得很高，也可以让我们的人生之路变得黯淡无光，关键在于人们自己是如何选择，选择的结果是否适合。因此，我们在做事时，不如先看准目标，给自己制订详尽的计划，再向前去努力，这样成功的可能性才会大大增加。年轻人已经明白了这个道理，那你呢？

提示未来的自己

俗话说，好的开始是成功的一半，同样的，好的选择也是成功的一半，我们做事时，要先给自己制定一个目标，如果在向这个目标前进的路上我们遇到了很多分叉路，那么就应该先冷静下来，聆听自己心中的声音，向自己向往的目标去努力奋斗，做一个成功的人！

第九章
快乐地活着，苦闷的日子已经够多的了

谈到快乐，似乎是一个很轻松的话题，很多人认为快乐是来自于外界的，好笑的事情、高超的喜剧表演还有轻松、幽默的各种故事都可以让我们快乐，然而美国总统林肯却告诉我们："人快乐的程度多半是自己决定的。"说到人生际遇对快乐程度的影响，其实远不及我们对事件的反应来得重要。快乐并不简单，可以说，为了得到它，人们需要投入全部的决心、毅力、自制力，才能要寻求到快乐．而一个人心里想些什么是别人无法控制的，因此，快乐与否真正操纵在自己手中。

9.1　用快乐填满人生

每个人的人生都不可避免的会经历一些痛苦，但我们的人生并不只存在于挫败和失望中，当你能在生活中找到让自己内心快乐的方法，不断让自己的内心和生活找到一种契机和平衡，你将为自己呈现一个最美好的人生。人生的艰难，从来都不是经历了多少磨难，而是自己对自己的桎梏、束缚，而快乐的意义就是不断地在提醒我们人生精彩，帮助我们走出生活的艰辛，用一种否定一切、突破自我的果敢，磨砺出一个全新的自我。

“生活是一门艺术。你必须努力让自己过得有意义却不失简单。”——德·林特。无论生活中曾遭遇多少困难和挫折，我们都要保持一颗快乐的心，制定一个可以达到的目标，并为之努力，展开追求；保持愉悦的心情，时刻发出美丽的微笑；宽容待己，善待他人，尽力去发现生活中美好而积极的一面，让所有烦恼都随风而去。乐观地去面对生活中的每一天，遇到苦难不要悲观，悲观只会让自己沉沦在绝望中，看不到希望之光，而有了希望，我们才会发现生活充满了快乐。

有一个商人，在他老年时，他奋斗了大半生的集团一夜破产，人们议论纷纷，认为这位世界级企业家受到了这么大的打击必定崩溃，后半生难免穷苦潦倒，甚至会选择轻生。

然而让人们惊讶的是，事业的不幸并没有让商人倒下，他依然精神十足地出现在各个商业场所，没多久，这个商人与几个年轻人携手合作，开办了一家网络公司，向一个全然陌生的领域发起了挑战。面对新的事业，商人没有一丝顾忌，丝毫不受上一个公司破产的影响，每天都面带微笑投入新工作中。由于商人合理地运用过去的经营经验，再加上多年的人脉资源，没过多久就让新公司走入了正规，一年后，商人重新堆砌的事业大厦又屹立在人们面前。

当记者采访商人，问他为何能够在一年时间里反败为胜、东山再起时，商人快乐地大笑起来，久久不语。记者等了好久，商人也未给出答案，而是又忙自己的事了。记者疑惑地又重复提起这个话题，商人第二次快乐地大笑起来，他只说了短短一句“其实，我已给出答案！”此时，记者才恍然大悟——快乐心情是商人反败为胜、东山再起的法宝。

这位商人就是日本曾经最大的零售集团“八百伴”集团的总裁——和田一夫。

大千世界，生活百态，总有一些事情让我们或开心，或悲痛，或迷茫，和田一夫的故事告诉了我们一个真理，“快乐可以支撑一个人度过厄运，直至成功”。如果我们面对困境，不知如何解决时，何不尝试一下以下几点，也许你就可以用快乐的心情去走另一条路径呢。

1.培养爱好

培养一个自己喜欢的爱好，可以帮助我们从繁杂纷扰的世界中找到快乐，这个爱好可以是看书喝茶，可以是游戏音乐，也可以是购物旅游，这样你就有了一个精神寄托，当你不开心时，去做做自己喜欢的事情，总会对自己有所帮助。

2.心态强大

我们都知道，性格决定命运，而命运又决定了我们的人生。一个好的、强大的心态很重要，只有我们内心足够强大，才能够无所畏惧，才能遇事不怕，才能够幸福康泰。

3.内心平衡

我们生活在一个物欲横流的社会，每天都会面对很多的诱惑，哪些需要舍弃，哪些需要留存，这是摆在我们面前一个复杂的问题。其实，每个人的追求和理想都不同，自然就要有不同的取舍，只要能做到内心平衡，就能够换取心灵安宁。

4.回想初衷

很多时候，人们走着走着就迷失了方向，人生中，我们过着过着就迷失了初衷。所以，在我们烦恼的时候，就想想我们的初衷，想想我们最初想要的是什么，是否已经得到，这样就会变得幸福很多。

5.万事宽容

很多不高兴、不舒心、不幸福，一部分来源于别人带给我们的烦心，另一部分来源于我们自身。学会宽容，宽容自己，宽容别人，这样会让我们更加快乐。

无论我们在生活中遭遇了什么，都不要站在快乐的对立面去理解人生，命运借生活之手给予我们的所有悲喜、得失都像一面镜子，照出了我们的脆弱，照亮了我们的未来。从今天起，快乐地度过每一天，去改善自己，而不是随着环境的变迁去迁就人生，当你能把握住生活的每一点欢笑，你会发现明天将变得更加光明和温暖。

提示未来的自己

用快乐填满人生的过程中，我们要学会忘记，忘记在逆境时感受到的绝望，忘记困难时内心的不甘。我们需要牢记，要想获得快乐，就要让自己保持快乐的心境，用心微笑，让人生处处充满希望，用心快乐，让生活过得更加美满、充实、幸福！

9.2　无法改变环境，那就改变自己

有位哲学家曾说，“人出生时之所以哇哇大哭，是因为我们预知生命必然充满痛苦，至于迎接新生命到来的成人之所以满心欢喜，是因为世间又多了一个来分担他们的苦难的人”，这个理论很悲观。诚然，人生充满了悲喜，对我们来说都是一种体验，成功与失败皆有两面性，或幸福或悲惨，都是由人的心态来决定的。如果你遭遇了挫折，乐观的人会告诉你要坚强，这个挫折就是磨炼我们的契机，而悲观的人则会感到生活苦闷，无以为继，这就是心态的力量，很多时候，我们无法改变环境，但我们可以改变自己，变消极心态为积极心态，只有这样，我们才能改变自己的生活。

从前有个悲惨的少年，10岁时母亲因病去世，由于父亲是个长途汽车司机，经常不在家，也无法提供少年正常的生活所需，因此，少年自从父母过世后，就必须自己学会洗衣、做饭，并照顾自己。然而，老天爷并没有特别关照他，当他17岁时，父亲在工作中不幸因车祸丧生，从此少年再也没有亲人了，也没有人能够依靠了。

只是，噩梦还没有结束，在少年走出悲伤，开始独立养活自己时，却在一次工程事故中，失去了左腿。然而，一连串的意外与不幸，反而让少年养成了坚强的性格，他独立面对随之而来的生活不便，学会了拐杖的使用，即使不小心跌倒，他也不愿请求别人伸手帮忙。最后，他将所有的积蓄算了算，正好足够开个养殖场，但老天爷似乎真的存心与他过不去，一场突如其来的大水，将他最后的希望都夺走了。少年终于忍无可忍，气愤地来到神殿前，怒气冲天地责问上帝，你为什么对我这样不公平。上帝听到责骂，现身后满脸平静地反问：“喔，哪里不公平呢？”少年将他的不幸，一五一十地说给上帝听。上帝听了少年的遭遇后说：“原来是这样，你的确很凄惨，那么，你干吗还要活下

去呢？”少年听到上帝如此嘲笑他，气得颤抖地说：“我不会死的，经历了这么多不幸的事，已经没有什么能让我感到害怕的，总有一天我会靠自己的力量，创造自己的幸福。”上帝这时转身朝向另一个方向，并温和地说：“你看，这个人生前比你幸运得多，他可以说是一路顺风地走到生命的终点，不过，他最后一次的遭遇却和你一样，在那场洪水里，他失去了所有的财富，不同的是，他之后便绝望地选项择了自杀，而你却坚强地活了下来。”

人生就像旅行，在前进的路上我们会看到美丽的风景，也会感受到寒冷的夜雨，当我们脚踩泥泞，看不清前路时，如果失去了朝气，丧失了斗志，那我们的人生岂能美好。虽然我们的力量弱小，无法改变世界，但我们可以改变自己的态度，调整自己的心态来适应世界的改变，这时必定会有“山重水复疑无路，柳暗花明又一村”的情形发生。

虽然，每个人的人生际遇不尽相同，但命运对每一个人都是公平的。就看你能不能磨砺一颗坚强的心，一双智慧的眼，透过岁月的沧桑看到熠熠生辉的星光。先不要说生活怎样对待你，而是应该问一问，你怎样对待生活。毕竟，积极的心态最重要。保持一种什么样的心态，将直接决定你的生活质量。改变不了环境，就改变自己吧！

提示未来的自己

当我们没有能力去改变世界的时候，尤其是我们正身处逆境时，只有不断地调整自己的心态，努力改变自己以适应世界，这样才能获得巨大的发展。

9.3 拥有一颗平常心

对于我们来说，没有什么比拥有一颗平常心更为重要的了。平常心的重要性不仅体现在它能帮助我们洗净生活带给我们的纷杂，还能帮助我们保持心理的平静，在面对生活的坎坷与困苦时，使你处变不惊，波澜不乱。

有时候，人们会感觉生活就像大海一般深邃，而人就像是在海上孤身航行的一叶扁舟，在大海面前，人类显得那么微小。大海变幻莫测，可能前一秒还是风平浪静，下一秒就会卷起滔天巨浪。在这种情况下，人们无力左右生活，只能在生活的海洋中随波逐流，而我们要想在生活中保持平稳，就需要拥有一颗平常心，用仁爱、平和的心态去对待世界。

前几天，18岁的马林收到了久未联系的远房叔叔送给他的一份生日礼物——一块十分好看的手表。那块手表造型新奇，样式考究，戴上后马林立马有了一种成功商务人士的感觉。马林很喜欢这块手表，天天都戴在手上，然而一个偶然的机会，他在商场闲逛时，竟然在奢侈品专柜看到了一块一模一样的手表，而那块表的标价竟然要将近十万元。

马林非常仔细看了看自己戴在手上的那块手表，直到确定它们真的是一模一样，随后他发出了一声惊叹，紧接着是一阵狂喜，他怎么也没想到，一向不亲近的远房叔叔居然会送给他这么贵重的生日礼物。忽然，马林想到自己竟然如此草率的地将十万元的手表随意地戴在了手上，万一划伤怎么办？万一进水怎么办？万一丢了怎么办？马林有点慌乱，他赶紧将手表摘下来，小心翼翼地放在包里带回了家。

回到家以后，马林也没有闲着，他马上找了一个可以放下手表的小盒子，又往里面放了几块十分柔软的布，接着，他从随身的包中取出了那块手表，小心翼翼地把它放到了小盒子里。

马林为了把手表收好，绞尽了脑汁，着实是费了一番功夫。他先是把表放到了抽屉里，却又觉得太明显；接着他又把手表盒子放在衣柜的夹层里，但又担心拿衣服时会把表盒碰倒；最后他找来几张旧报纸，把表盒包好慢慢地塞到床底下。

即使藏好了，马林的心里还是不踏实，一想到床下有价值十万元的手表，他就辗转反侧，一夜无眠。接下来，马林的心思都被那块手表勾走了，他无时无刻不在想那块表，工作也不如以前专心，睡眠也越来越不好了。

过了几天，马林的好朋友来看他，当他拿出手表炫耀时，朋友一针见血地告诉他，这只是一块高仿表，并不值那么多钱。

马林很失望，但失望之余又感到庆幸，他又把手表戴在了手上，高兴地对朋友说，这块表还是很好看的，你要是早几天来就好了，我也不会每天都失眠了。

拥有一颗平常心，能帮助我们经受住层层诱惑的考验，在人生路上前行时，坚持自己的观念，看待问题客观全面，并及时作出调整和改正，让我们的人生之路走得更加平稳。

拥有一颗平常心，我们会更加理智。做到淡然处之，心态稳定，无论遇到什么情况，不至于迷失方向，丢失自我。

拥有一颗平常心，人们在面对得失时也会更加平和，真正做到“不以物喜，不以己悲”，从而真正享受每一天的愉悦生活。

提示未来的自己

平常心不是天生的，而是人们在生活中逐渐磨炼而来的，也是在自我成长的过程中，一步一步体验出来的。也许我们会经过挫折的洗礼，经过痛苦的折磨，但当我们能够在失败中去体会，去认识人生，了解自我时，就能使自己的意识达到某种水平，拥有一颗真正的平常心。

9.4 活在当下，活出精彩

古希腊著名学者库里希坡斯曾发表过这样的言论：“过去与未来并不是‘存在’的东西，而是‘存在过’和‘可能存在’的东西，唯一‘存在’的是现在。”过去已经逝去，未来还未可知，人们与其在各自的生活轨迹中烦恼、忧愁，还不如享受活在当下的乐趣，活出自己的精彩，毕竟真正属于我们的，只有眼下这一刻。

有一个优秀的年轻人，他对自己很有信心，相信凭自己的聪明才智一定能够实现自己的宏伟志向。每一天，他都在为自己的未来付出努力，但他觉得时间过得太慢了，他已经迫不及待地想要实现自己的梦想了。

一天，年轻人对着天空发呆，他默默地想，“时间过得这么慢，我要什么时候才能取得成就呢？如果真的有神仙，能不能给我一个魔法，让我的时间变快一些？”

这时，有一个慈眉善目的神仙出现在他面前，笑呵呵地说，“你真的想让时间过得快一些吗？”

年轻人不住地点头，“想！非常想！时间太慢了，我已经等不及了。”

神仙递给他一个小小的钟表，并对他说：“这是一个可以把时间变快的时钟，但我要提醒你，这个时钟只能加快，不能倒退，每一次使用时你都要谨慎啊。”

年轻人十分开心，根本没有理会神仙的忠告，他满脑子都在想：“这下我可以不用再等待时间了，我可以更快地走向成功了。”他尝试着把时钟往前拨了一小格，便惊奇地发现自己的外貌变得更加成熟了，而且也已经成为了公司的领导层。年轻人醉心于魔法时钟带来的神奇效果，他想：“要是我现在有一个漂亮贤惠的老婆就好了，这样就不会再被父母逼婚了。”于是他又把时钟往前拨了一格，时光转换之后，他出现在了教堂，身边站着一位美丽的女子，亲朋好友都在祝贺他，年轻人感到非常满足。

婚礼过后，年轻人又想："按我现在的工作，还要奋斗好几年才能当上大官，不行，我已经等不了那么久了，为了我的小家庭，我要马上当上大官。"年轻人再次拨动了时钟，这下他直接变成了一个受到重用的官员，每天要处理很多的政务，家里的房子也变得十分豪华。年轻人不停地拨动着时钟，实现了自己的一个个愿望，开心之余，他却觉得自己慢慢变得有些力不从心了。不知从什么时候起，他的头发已经花白，手脚也颤抖着使不上力气，他慢慢变得苍老，身体也一天不如一天，弥留之际，他开始后悔自己太急切，舒适的豪宅、美丽的妻子，数之不尽的财富，他还没有享受，自己的生命就要走到尽头了，如果可以重新再来，他一定认真享受每一天，但是后悔已经来不及了，时钟不能往后退。

年轻人的故事告诉我们，不能寄希望于未来，而要踏踏实实地生活在当下，努力把握自己眼前的生活，为之奋斗、为之努力，享受它带来的各种艰辛与幸福，只有这样，我们才能创造出最有希望的人生。

回首自己的人生，有些人总是觉得有些遗憾，年轻的时候，自己拼命地学习，毕业之后又努力地工作，接着成了家，有了自己的孩子，然后又开始一天天地盼望孩子长大，最后，孩子长大了，自己也退休了，终于有时间过自己想要的生活了，可是自己的身体已经老了，留给自己的时光也所剩无几了。这就是大多数人的人生写照，人们只顾着为未来做准备，却忘了关注"现在"。时光不会重来，在这仅属于我们的时间中，做自己想做的事情，珍惜眼前的一切，不去遥想未来，幸福，就是活在当下，活出自己的每一个精彩。

提示未来的自己

活在当下，就是要把你的关注焦点集中在你现在正在做的事情，正在相处的人身上，全心全意地去接受、去奋斗、去享受每一天，这是一种感悟，也是一种智慧，更是一种积极的人生态度。

9.5 永远不要放弃希望

托马斯·爱迪生曾说：“人们最大的弱点在于放弃，成功的必然之路就是不断地重来一次。”面对人生，无论环境多么恶劣，生活多么艰辛，如果你放弃了努力和奋斗，就是放弃希望，那么失败是肯定的。但如果你不甘心放弃，心里始终相信还有未来，那么你将会有无穷无尽的力量去帮助你克服每一个困难。有时候，失败者的聪明才智并非不如成功者，他们只是缺少了一丝希望。

李安的父亲李升曾是台湾重点学校——台南一中的校长，他对自己的两个儿子抱以厚望，希望他们能够学业有成，成为国家的栋梁。然而天不遂人愿，他的两个儿子在学业上都不能让他满意，大儿子李安大学联考两度落榜，小儿子李岗在落榜一次后，第二年考上海洋学院航海系。因此，在正式场合，李校长绝口不提两个“不争气”的儿子。

李安第二次落榜后，每日闲在家里，父亲痛骂他的不争气，而他总是默不吭声，家里更是愁云惨淡。家中曾有一位长辈问李安，有没有想过将来的出路。李安满怀希望地说，自己要成为一名著名的导演，家人都觉得这是一个笑话，在李家，演艺圈根本不是什么正经职业，大家都只当李安是在开玩笑。

1978年，李安做了充足的准备，想要报考美国伊利诺大学的戏剧电影系，李父强烈反对，他告诉李安，“在美国百老汇，每年只有200个角色，却有50000人争夺，你走的这条路根本不会有好结果，还不如去上一个职高，出来谋一份银行的工作稳妥”。李安不顾父亲劝阻，决意登上了去美国的班机，父子关系从此恶化。

几年后从电影学院毕业，李安才明白了父亲的苦心。在美国电影界，一个没有任何背景的华人要想混出名堂来，谈何容易！李安大多数时候只能帮忙看看器材，做点剪辑助理、剧务之类的杂事；他一度拿着剧本，两个星期跑了30多家公司，一次次面对白眼和拒绝；有投资人要求他反复修改剧本，但改完数十次以后，剧本最终石沉大海……

在好莱坞遇挫时，李安曾蛰伏6年做“家庭主夫”，靠在伊利诺大学攻读生物学博士的妻子林惠嘉微薄的薪水度日，在此期间两个儿子相继出生。李安在家包揽了所有家务，买菜、做饭、带孩子……每天傍晚做完晚饭，他就和儿子一起兴奋地等待“英勇的猎人妈妈带着猎物回家”。

面对现实的窘迫，李安一度想要放弃电影，委曲求全改学计算机。林惠嘉察觉到他的消沉，一夜沉默之后，在上班前给李安留下一句话：“安，不要忘记你的梦想。”妻子的这句话，给李安点亮了希望之灯，他继续坚持写剧本，在好莱坞闯荡。希望也终于来临了，1990年，李安因剧本《推手》获得一笔可观奖金，影片在1992年获得金马奖多个奖项。之后他又陆续导演了《喜宴》《饮食男女》等影片，获得了柏林电影节金熊奖、西雅图电影节最佳导演等奖项，他的梦想终于实现了。

人的一生就像是一场旅行，通往成功的路并不平坦，沿途中有无数泥泞和荆棘，但也会有无数看不完的美好风景。如果你因为不断失败而放弃了希望，失去了斗志，那你的人生轨迹也将会黯淡无光，看不到前路的方向。但如果你有能够承担失败的勇气，并具备不断尝试的精神，那么你离成功可能仅一步之遥了。

正所谓人无完人，人生在世，难免经历失败和挫折，纵观史今，每一个成功的人都经历了常人难以忍受的磨难，但正是因为他们经历了磨难，才能在绝望中窥见希望，坚定自己的意志，战胜一切问题，从而取得成功。对他们来说，磨难并不是坏事，反而是一种磨炼，通过这种磨炼，他们能够看得更远，走得更稳，真正做到让希望长存心中。

提示未来的自己

面对困难不要绝望，不要放弃，相信自己，正视逆境，只要你为理想付出努力，生活就会给予你平等的回报。任何的成功，都是从小事一点一滴积累而来，没有什么事情做不到，关键就看你能不能坚持不放弃，困难从来都不是成功的障碍，给自己勇气，战胜它，你将看到人生最美的风景。

9.6 停止抱怨的方法

有一次，陈龙到某地出差，无意中坐了一辆很特别的出租车，说它特别是因为车里布置得很文艺，一些挂袋里放了些报纸和图书，还有几个颜色各异的保温瓶。陈龙打量完车身，就收到司机递过来的一张精美小卡片，卡片上写着：“在舒适的环境中，我将用最快捷、最安全的服务送您去任何您想去的地方。”陈龙觉得很新奇，便与司机攀谈起来。

司机礼貌地问他：“你好先生，想要喝点什么吗？”陈龙看向那些保温瓶：“难道这里都是饮料？”司机笑着回答：“是的，我不但提供咖啡，还有各种其他饮料，你面前的挂袋里有今天的报纸，旁边有清单，你可以选择喜欢的电台节目。”陈龙拿过清单，看到上面写了各个电台的节目单，简直太完美了。

陈龙称赞司机把自己的事业经营得这么有特色，司机谦逊地说：“其实一开始，我很不喜欢出租车司机的工作，也像其他人一样，抱怨自己没有更好的学历、更好的机会，开车时经常会遇到糟糕的天气，糟糕的路况和不满意的收入，直到有一天，我偶然看到了一本书。”

司机告诉陈龙，那本书从头到尾只讲了一件事——“停止抱怨”，停止在工作、生活、学习中的每一个抱怨，这将能帮助人们改变现状，正是这本书让我突然醒悟，现在我过的这么糟糕，都是因为我在不断地抱怨，却从来没有想过任何解决的办法，这一刻，我决定作出改变。

第一年，即使遇到再糟糕的事情，我也依旧对乘客微笑，这让我的收入翻了一番。

第二年，我开始去关心每一个乘客，并为他们提供力所能及的服务，这让我的收入又提高了不少。

第三年，我开始在我的车上做文章，乘客需要什么，我就准备什么，只有乘客想不到，没有我做不到。现在我的车已经成为当地“五星级出租车”，现在要坐我的车，都需要提前打电话预定，而您，其实是我今天顺路搭载的一个乘客。

这位司机的话让陈龙惊讶极了，他不禁开始反思，其实在平日的工作生活中，自己何尝不是一个“只会抱怨的人”。受到了司机的启发，陈龙决定改变自己，没想到，他的生活真的发生了改变，这种变化让陈龙感到，停止抱怨的力量真有如此强大啊！

一味地抱怨只会让人感到你心理的阴暗，如果你不想继续下去，就要改改抱怨的习惯了，以下几个方法可以帮助你。

1.纠正自己的认知

人们总是习惯用自己的标准和认知去评判其他人和事，这样很容易对别人产生错误的认知，从而导致产生各种抱怨。为了停止这种恶性循环，你必须意识到，抱怨本身就是一个错误的行为，遇到问题，我们首先要纠正自己的错误，通过冷静地沟通，在价值观上争取达成一致。

2.积极解决问题

抱怨具有很强大的传染性，当你在抱怨一点小问题时，它会迅速产生连锁反应，从而影响别人。若你不抱怨，而是转换一下思考的角度，你会发现，其实我们有很多解决问题的办法，只要积极去处理，就可以完美地解决问题，得到完全不一样的结果。

3.封杀抱怨的情绪

不知你是否注意过，抱怨的情绪其实是因为人们内心的欲望得不到满足而产生的，当你能够懂得生命在于不断地付出和得到应有的回报时，就不会纠结于欲望的贪婪。因为你已经明白，生活在于真诚的付出，而不在于一定要得到什么，这样会将抱怨的情绪彻底封杀掉。

4.打造阳光的心态

那些习惯抱怨的人，总是把自己的生活建立在别人的行为上，一旦别人的所作所为没有达到他的要求，他就会有强烈的失落感，从而开始抱怨生活的各种不公平。要知道，我们能够相信并且把握的只有自己的人生，只有让自己活得开心，内心充满阳光，才能感染别人，这样自然就不会有什么值得抱怨的事了。

抱怨是一种人的天性，要完全断绝确实很难，如果你能做到完全不抱怨任何事，认认真真地做好每一件事，承担自己应负的责任，那么一定能够突破困境，离自己理想的目标更近一步。

提示未来的自己

勇气往往是在不断克服困难的过程中产生的，从而培养坚毅果敢的性格，那些总是在抱怨的人很少有能成功的，因为抱怨只会滋生失败，不会帮助我们解决问题。停止抱怨吧，认真做好自己的工作，即使是微不足道的事情，只要你认真对待了，就会得到应有的回报，成功也会离你更近。

9.7 让自己快乐的方法

人生短暂，有如白驹过隙，正因为“盛年不再来，一日难再晨”，因此我们更应该珍惜自己生命中的每时每刻。俗话说，快乐是一天，不快乐也是一天，如果我们的心思像太阳一样，无论何时何地，总是展现出光明、温暖的一面，那么我们的快乐就会多一些。“欲望孽生贪欲，快乐源自平和的心地”，当我们能抛弃物质的贪欲，内心充满着知足和平和时，我们的快乐才能真正持久。

TOM是一个可爱的男孩，长得虎头虎脑，每个见过他的人都很喜欢他。他有一双修长有力的腿，能跟着自行车跑出好几公里，时不时地做些搞怪的动作，常常逗得家人哈哈大笑。但是，一场突如其来的车祸险些夺走他的生命，为了保住性命，医生不得不为他做了截肢手术。

手术很完美，TOM恢复的也不错，只是他不太适应那个新安装的假腿，经常因此摔倒在地，可他并没有因此而大哭大闹，甚至没有一点悲观的情绪。他一次一次地跌倒，但是又一次一次地站起来，反反复复，从不放弃。没过多久，他又像从前那样行动自如了，那条假腿就好像长在他身上一样。

虽然少了一条腿，但这似乎对TOM的生活没有太大的影响，他依然像往常一样吃饭、睡觉，天气好时到公园里抓蝴蝶，心情好时就大快朵颐。看到TOM如此的乐观，TOM的家人决定带他去看望一位已经截肢的朋友。那位朋友的截肢手术很顺利，但他却一直闷闷不乐，任家人如何劝说都不愿打开心门。TOM见到那位朋友后，并没有说话，只是开开心心地玩耍起来，他一会儿围着病床转圈，一会儿闻闻桌上的鲜花，一会儿又盯着输液瓶看。他一边玩耍一边发出快乐又满足的声音，一时间，整个病房好像都变得温暖起来。

那位朋友盯着TOM的腿看了很久，心里的愁云也慢慢消散了，他微笑着对TOM说："你这么努力地活着，我却一直自怨自艾，我真是太愚蠢了。"

自此以后，TOM就经常出入病房。有些截肢病人，在经历了身体的残缺后，情绪也变得十分消极，他们经常大声咆哮，摔坏家具，或者不吃不喝，不言不语。TOM来到他们身边，没有表现出一点惊讶或害怕的情绪，他只是对着这些陌生人微笑，然后拖着自己的那条假腿忘情地玩耍。他的生活似乎总是那么精彩，他乐观而满足地享受着生活，至于那条假腿，他好像从来没在意过，对他来说，少一条腿不算什么。

TOM的到来就像是春天里的一抹朝阳，病房里的病人渐渐乐观而快乐起来，他们开始积极配合治疗，不再抱怨，不再伤心，无论处于何种境遇，都像TOM一样，热情、积极地面对生活，不因身体的残缺而影响自己之后的人生。

对了，忘记告诉大家了，TOM是一只两岁大的金毛狗，它用它的行动帮助和鼓励了无数截肢患者，让他们忘记不幸，重新振作起来。

快乐是一种精神，它发自于每个人的真心，以下几个方法可以帮助你随时创造出快乐的心境。

（1）微笑。如果你感觉很糟，如果你的心情一直跌落谷底，你会发现你的表情总是僵硬的，周围也没有愿意与你交流的人，这时你该怎么做呢？很简单，只要微笑就好了。当你抬起头，露出满满的微笑时，你会发现，快乐实在是一件简单的事。

（2）暗示。当你感觉生活苦闷时，不妨试试暗示自己，“我会做得越来越好”“我很放松”“大家都很喜欢我”，当你这样对自己说了，你发现事情真会变成你说的那样，大家都喜欢跟你在一起，你也会变得更快乐。

（3）展现自己的优点。快乐的来源是发现并利用自己真正的优点，当你将值得骄傲的优点展现出来后，你会觉得事情变得顺利，他人的肯定与赞美也会让你更加快乐。

（4）学会感恩。俗话说知足常乐，当你能心怀感激地面对所有的人和事时，你会发现生活中的每个闪光点，要知道，感恩的心将为你开创一个快乐的世界。

以上几个方法是我们每个人都能做到的，它能够帮助我们掌握快乐的诀窍，调整好自己的心态，当你心中充满快乐时，自然也就拥有了属于自己的快乐。

提示未来的自己

对生病的人来说，拥有一个健康的身体是快乐的事情；对一个贫困的人来说，有一份富足的家业是一件快乐的事。很多人都奢望幸福降临，但其实我们早已拥有了很多快乐的理由。金钱、名利、地位等，并不是衡量人生幸福的筹码，心态才是获得快乐的关键。人生在世，我们要为自己活出精彩，感恩一切事物，你会发现，你的人生阅历上将写满幸福和快乐。

第十章
做好你自己，不要苟活在别人的眼神里

在心理学中，成熟代表着我们要为自己的人生负责，要把注意力集中在已经拥有的一切上，而不是放在没有得到的东西上。你是否非常在意别人对你的每一个评价，无论是好是坏你都十分在意？就像我们不能把自己的意识强加给别人一样，别人的评价对我们来说也应是无关紧要的。当我们打开人生这一扇窗，有人会看见美丽的风景，有人却只见玻璃窗脏了。你想看见什么，要靠你自己的思想做抉择。记住，你才是自己思想的主宰，做好你自己，不要苟活在别人的眼神里。

10.1 保持自己的独特个性

同样是观山，有人欣赏华山的险峻，有人欣赏泰山的雄伟，还有黄山奇、峨眉秀，正是它们具有不同的景观，才有了彼此区别的标签，这就是个性。山都如此，人也亦然，画家会将自己的个性融入到自己的画作中，作家会把自己的个性倾注到作品里，乐师会将自己的个性演绎在声乐中，正是因为个性不同，世界才呈现出一片百花争鸣之态。

事实上，保持自己独特的个性和尊重别人的个性同样重要，不能尊重别人的个性是一种无理，不能保持自己的独特个性是一种无力。

有这样一个故事，有一个人对待自己的儿子很严厉，他专门请了一个名师来教导他，这位父亲要求自己的儿子一言一行都要模仿老师，儿子遵照父亲的要求，老师吃饭他也吃饭，老师喝水他也喝水，老师无意间打了个喷嚏，儿子憋红了脸也打不出，只好哭着跟父亲请罪，说自己无法将老师全模仿下来。当然，这只是一个笑话，但现实生活中确实有这样的人，他们不考虑自己与别人个性上的差异，强硬的照搬模仿，最后却发现，自己无法成为模仿的对象。每个国家、每个地区、每个人都有自己独特的文化，如果我们不能融入这种文化中，就不能将其转换为自己的素养，那必然会带来很多摩擦与阻力。而每一个人都是独立完整的人，不应成为另一个人、另一个文化的复制品，因此，保持自己独特的个性是非常必要的。

在一次讨论会上，一位著名的演说家没讲一句话，手里只高举着一张20美元的钞票。

面对会议室里的200个人，他问："谁要这20美元？"一只只手举了起来。他接着说："我打算把这20美元送给你们当中的一位，但在这之前，请准许我做一件事。"说着，他将钞票揉成一团，然后问："谁还要？"仍有人举起手来。

他又说："那么，假如我这样做又会怎么样呢？"他把钞票扔到地上，又踏上一脚，并且用脚碾它。然后他拾起钞票，钞票已变得又脏又皱。

"现在谁还要？"还是有人举起手来。

"朋友们，我们已经上了一堂很有意义的课。无论我如何对待那张钞票，你们还是想要它，因为它并没有贬值，依旧值20美元。在人生的道路上，我们会无数次被逆境击倒、欺凌甚至碾得粉身碎骨。我们觉得自己似乎一文不值。但无论发生什么，或将要发生什么，在上帝的眼中，我们永远不会丧失价值。在他看来，肮脏或洁净，衣着整齐或不整齐，我们依然是无价之宝。生命的价值不依赖我们的所作所为，也不仰仗我们结交的人物，而是取决于我们本身！我们是独特的——永远不要忘记这一点！"

狭隘的人总要扼杀别人的个性，要求其与自己一致，软弱的人总要改变自己的个性，强迫做到与别人相同，只有坚强的人才会勇于袒露自己的独特个性并坚持它，因为每个人有不同于他人的经历和经验，成功取决于自己与他人不同的方法，只有坚持自己的个性才能让自己取得成功。

庄子曾说，"顺人而不失己，外化而内不化"，这是在启示我们，让我们在与人交往中做到外柔内刚，既保持自己的独特个性，又减少与他人的矛盾与冲突，共同营造出和谐的生活环境。所以，不要再隐藏自己的个性了，那恰恰是你与众不同的地方，成长的过程需要我们不断地学习、完善自己，但绝不是盲目地模仿，而是要在学习他人长处的同时，保留自己的个性。

提示未来的自己

人生在世，每个人都是一个独一无二的个体，各有各的优劣，如果每个人都一样，那世界绝不如现在这般精彩。所以保留自己的特点，不要随意改变它，要知道这是你与他人不同的独特印记。

10.2 坚持自我，方能成就辉煌

著名作家罗曼罗兰曾经说过，“每个人都有他隐藏的精华，和别人的精华不同，它使人具有自己的气味”，相信自己，绽放属于自己的光芒！

世事纷杂，诱惑众多，若人们在掌声、赞美、光环中迷失了自我，忘记了自己的理想，那就如想效法猫狗而倒地求宠的驴子一样可笑，泯灭了自己的价值，压抑了自己的长处，只有坚持自我，方能成就辉煌。

早在300多年前，英国有一位名不见经传的建筑设计师，他的名字叫克里斯·莱伊恩，当时他幸运地承担了温泽市市政府大厅的设计任务。这位年轻的设计师非常有才华，他充分利用自己丰富的工程力学知识和多年的实践经验，巧妙地设计了只用一根柱子支撑大厅天花板的方案。经过一年多的施工，市府大厅顺利地交付验收。然而，政府官员却认为只用一根柱子支撑天花板保障不了大厅的安全，责令莱伊恩再多加几根柱子，用以加固。

设计师坚信自己的设计没有问题，他坚称“用一根坚固的柱子足以保障大厅安全”，并列举了很多相关实例据理力争。不料，他的固执与争辩却惹恼了市政官员，他们不仅要求设计师更改方案，还险些以危害公共安全的罪名送莱伊恩上法庭。

面对种种压力，莱伊恩陷入两难境地：如果依然坚持自己的主张，就意味着公然与政府官员作对；如果选择放弃，又有悖于自己坚持的科学准则。后来他终于想出一条应付这些愚昧无知的“权威人士”的两全之策。他请施工人员煞有介事地在大厅里增加了4根粗壮的柱子，不过，这4根柱子并没有与天花板接触，其间留下的细微缝隙，人们站在地面上根本无法发现。

时光飞逝，一晃300多年过去了，市政府官员换了一批又一批，但是谁也没有发现这个秘密，大厅的天花板也未曾出现任何险情，支撑天花板的柱子仍然是最初的那一根。直到20世纪90年代末，市政府在修缮大厅的天花板时，才发现柱子与天花板之间存在的狭小缝隙，而且在中央柱子的顶端刻有一行小字：“自信和真理只需要一根柱子。”这是设计师莱伊恩留给世人的一句箴言。

要像莱伊恩一样坚持自我，首先就要相信自己的能力与价值。有一个著名的故事，故事的主角是一块大理石，因为它的纹路不够美而被众多雕刻家弃用，然而著名雕刻家米开朗基罗却发现了它的美，将它雕刻成旷世名作“大卫像”，一块石头都可以绽放自己的光彩，那人们有什么理由不去坚信自己呢？

坚持自我，要保持自己的独特个性。著名音乐家贝多芬，留名千古不仅是因为他在音乐领域的独特造诣，还有他面对世俗势力绝不妥协的傲骨。当复辟称帝的拿破仑要贝多芬出席演奏会时，贝多芬摔门而去，无惧生死，这为他赢得了生前身后的美名，他曾说：“公爵过去有的是，现在有的是，将来也有的是，而贝多芬只有一个！”这就是让人称赞的独特个性。

坚持自我，要清晰地认知自我。诗仙李白不仅文采出众，也拥有过人的智慧，他游历大好河山，观四方美景，看透了奴颜媚骨的官场文化，高官厚禄诱惑不了他，出将入相的大好前程迷失不了他，正是他对自我的那份坚持，才使得后人得以拜读诗仙大作，遥望历史风尘。

坚持自我，更需要坚毅的内心。当人们扬起理想的风帆，走上人生这条长路时，难免不会遇到金钱、地位、名利的诱惑，若在追求理想的过程中丧失了自己的理想，迷失了自己的目标，那就会跌入贪利忘义的深渊，而若能坚持自我，用坚毅的内心坚持前进，那无论日月更迭，星月沉浮，心中的信念终究不会倒，就一定会走向成功的终点。

提示未来的自己

坚持自我，并不是要人们坐井观天，固守自封，而是要认清自己的理想，明确自己的目标，发扬自己的优势，不盲目跟风效仿他人。坚持自我，让每个人都成为一道独特的风景线，绽放多彩人生。

10.3 挖掘你拥有的潜能宝藏

美国著名教育家哈佛曾说：“每个人都拥有一座潜能的宝藏。每个人都蕴藏着巨大的潜在力量，等待着我们去发现、去认识、去开发。这种力量一旦引爆出来，将带给你无穷的信心能量。”确实如他所说，我们的身体里都蕴藏着无尽的潜能，只要你能够探寻真实的自己，发现并加以利用这股潜能，便可以激发无穷的能力，从而实现自己的理想。

这是平常的一天，在音乐教室的钢琴上摆放着一份全新的乐谱，美乐翻动着乐谱喃喃自语，“这是第四份新乐谱了，一份比一份难，老师是在玩弄我吗？”美乐感觉，自己作为钢琴系高材生的信心似乎已经快要跌到谷底了。

这一个月来，每周老师都会拿出一份新乐谱给她，第一周拿到的乐谱难度很高，美乐弹得生涩，老师并没有指点她任何技巧，只是简单叮嘱几句，要她回去好好练习。谁知第二周上课时，老师又拿出来一份更高难度的乐谱，却对上周布置给美乐的作业一字没提，美乐不知道这位业界著名的钢琴老师打的什么主意，只得硬着头皮继续练习。

接下来的每一周都是这样，一上课老师就拿出更难的乐谱，要求美乐弹奏，而美乐每次都弹得十分僵硬，然后再把乐谱带回家去练习，上课时继续接受新乐谱。就这样周而复始，无论美乐怎样努力，她都不能将新乐谱弹得流利，美乐感到沮丧极了。绝望之时，她甚至会想："是不是老师不喜欢我，希望这样能让我知难而退呢？如果真是这样，他为什么要这样做？"美乐感到很不平，新的一周开始了，当老师走进音乐教室时，她再也忍不住了，大声地质问老师对她有什么意见，为何总是给她新的乐谱却对上一周乐谱的练习结果不闻不问。

老师安静地听完美乐的质问，却并没有回答她的质疑，而是将第一周的乐谱拿出来交给美乐："你再弹弹这个谱子，让我看看你的进步。"老师的眼神很坚定。美乐接过乐谱，心中却感到没有什么底气，这几个星期自己天天练琴练到很晚，但却一直都跟不上老师的节奏，就算现在弹奏第一次拿到的乐谱，那也不是一件简单的事，她感到难度很高。但是，接下来发生了一件不可思议的事，美乐居然可以将这首曲子弹得美妙又流畅，美乐自己都惊讶不已，手指仿佛有了灵性，指法轻灵，那一个个音符仿佛就飘在她的指尖，演奏结束时，她怔怔地看着老师，半天都说不出话来。

老师拿起乐谱，缓缓地说："人总是习惯于表现自己最熟悉、最擅长的事情，如果我一直任由你弹奏你擅长的曲子，那么你不可能有现在的表现，你的潜能也不会被挖掘出来。"

就像美乐一样，每个人的身体中都拥有着巨大的潜能，这就像是一个巨大的宝藏，关键看我们是否能够将它激发出来。很多时候，人们并不缺少做好一件事的能力，而是缺少做好那件事的信心，正如莎士比亚所言："一个人的心灵如果受到鼓舞，即使器官已经萎缩，也会从沉沉的麻痹中振作起来，重新开始活动，像蜕了皮的蛇一样获得新生的力量。"

有些人在事业受挫时，总是会将原因归结为自身能力不足，其实不然。人的潜能是无法估量的，只是不知该如何释放它。那些乐观上进的人，总是能从自己身上找到前进的动力，就像用一把金钥匙打开了自己的成功之门，潜能会带给他无尽的惊喜和财富，帮助他在工作、生活中取得优异的成果，这就是潜能宝藏的魔力。

提示未来的自己

人的潜能犹如一座待开发的宝藏，但是若没有得到激发，就不会有淋漓尽致的发挥，并非大多数人没有成为爱因斯坦的潜质。相反，若能发挥足够的潜能，每个平凡人都可以成为自己领域内的"爱因斯坦"，从而取得辉煌灿烂的成果。

10.4 做人，应该坚守自己人生的底线

俗话说，"没有规矩不成方圆"，为人处世，需要讲究规矩、原则，这是人生在世最基本的底线，这条底线好比人生的起跑线和终点线，若没有它的约束，人们不知从何处起跑，也不知从何处结束，前进没有了目标，后退也没有方向。人们那些胡作非为、自讨苦吃的行为无一不是在丧失原则的情况下发生的，因此，做人一定要守住自己人生的底线。

除夕之夜，德国留学生刘宛露与同学参加了一个当地华人组织的迎新晚会，晚会结束后，整个城镇都黑了下来，这种时候，谁不想快点回家休息呢？刘宛露走得飞快，只差没有飞起来了。谁知刚走到路口，正赶上一个红灯，马路上一辆车都没有，街上也没有摄像头，刘宛露没有犹豫，继续向前走去。

“站住！现在是红灯！”身后传来一声尖利的叫声，在沉寂的夜色中显得格外清晰，刘宛露停下脚步，回头一看，原来是一对老夫妇，老先生坚定地说，“现在是红灯，不能过马路，要等到变成绿灯才能过去。”

刘宛露的脸一下烧了起来，她歉然地说，“对不起，我看现在没有车，就想快走几步……”

那位德国老先生一连严肃地说道，“交通规则就是原则，不是看路上有没有汽车，在任何情况下，人都必须要遵守原则！”

老先生的话深深警醒了刘宛露，从那一刻起，她再也没有闯过红灯，并一直深深记着老先生的话，“在任何情况下，人都必须要遵守原则”。

人的社会是以原则为底线的，做人做事皆有原则可循，若不遵守原则，不照章办事，必然会导致整个社会混乱。但有些人总是会找出很多理由来降低自己的底线，底线的缺失使得他们迷失了自我。

人生真正的底线，代表着不可更改的最后界限，面对这条底线，绝对没有“也许”“或者”等种种理由，让自己的底线一降再降。社会复杂、物欲横流，如果不秉承“绝对不侵犯底线”的理念，那永远都会有理由逼迫我们违背底线，做出无法挽回的事。

底线是一条能置之死地而后生的神奇界限，涅槃重生的痛苦令很多人退却，因此宁愿选择放弃底线而苟活于世，但你要知道，世界温暖也残酷，放弃了底线，我们失去的会是整个世界，你将永远不能看到光明的未来，只能注定为他人当配角。

人生的底线也许不会让我们过得富贵，但却能让我们活得更有尊严，在漫长的生命中，有尊严地活着是人们最终的追求。只有当你坚持自己的底线神圣不可侵犯时，别人才会止步于你的底线之前，不再对你的人生横加干涉。也许，坚守人生的底线不一定能帮助你得到全部你想要的，但你所得到的，一定不是你不想要的。

提示未来的自己

人生在世短短几十年，无论事业如何，你都不要将自己的生命、精力和时间放到最不该越界的地方，坚守自己的人生底线，不做那些不该做的事情，那么无论你的人生成就如何，你都可以无愧于心地安享人生。

10.5 生活在完全独立的今天

“没有成群结队的朋友不代表孤独，没有陪伴左右的爱人不代表过季，没有惊天动地的梦想不代表平庸。三两朋友可以时常相聚，孤身一人时能充实自己，完成小目标时也竭尽全力。对自己负责，有自己的想法，你不必时时站在台上，也能找到自己的光。”——卢思浩

底特律城已故的爱德华·伊文斯先生，在学会“生命就在生活里，就在每天和每时每刻里”之前，几乎忧郁自杀。爱德华生长在贫苦家庭，最初靠卖报为生，后来在杂货店做店员，家中都靠他吃饭，后来做了助理图书管理员，尽管工资微薄，他也不敢辞职。八年之后，他才鼓起勇气开创自己的事业，竟然时来运转，用借来的50元钱发展到一年净赚两万美元，可惜好景不

长，他存钱的银行倒闭了，他不但损失了全部财产，还负债16000美元。他经受不住这样的打击，“我吃不下，睡不着，”他说，“我开始生起奇怪的病来，病因纯粹是忧郁过度，有一天我走路时昏倒在路边，从此只能卧床休息，结果全身都烂了，最后连躺着都觉得痛苦不堪。这时医生告诉我，我大约只能活两个星期了。我大为震惊，只得写好遗嘱躺下等死。这样一来，忧虑也就多余了。我放松下来，闭目休养了好几个星期。虽然每天睡眠不足两小时，但却很安稳，那些令人疲倦的忧虑渐渐消失了，胃口渐渐好起来，体重也开始增加。”

“又过了几星期，我能拄拐走路了。六星期后我又能回去工作了。过去我的年薪曾达两万元，现在能找到每周30元的工作就很高兴了。我的工作是推销一种挡板，我不再后悔过去，也不害怕将来，而是将全部时间、精力、热诚都放在推销工作上。”

爱德华·伊文斯的事业发展迅速。没几年，他已是伊文斯工业公司的董事长。从那以后，他的公司长期雄霸纽约股票市场。如果你去格陵兰，很可能会降落在伊文斯机场，这是为纪念他而命名的。但是，他如果没学会“生活在完全独立的今天”，那绝不会有这样的成功。

不管你是声名显赫的名流贵族还是平淡无奇的平头百姓，你的生活都是从“今天”开始的，如果今天你大病不起，那你之前所得的名利财富都将不再重要，你所关注的只有如何恢复健康；若你今天中了百万大奖，即使昨日你是一个褴褛行乞的人也没有关系，过去已经过去。如果你一直依靠即将到来明天，更不愿抛弃昨天的成果，那么今天你将一无所获。

做好今天，就要学会独立的思考，或许以下五点建议能给你一点提示。

1.与习惯性思想的来源隔离

遇到问题，不要急于寻找答案，抛开图书、电视等媒介，让自己静心思考一下，虽然我们不能与世隔绝，但完全可以通过限制其他思想的进入来保护自己独立思考的过程，此举不仅减少了人们接触公众媒体的时间和精力，也给了自己看待世界的全新角度，而不是用一成不变的固定思维来看待世事。

2.寻找矛盾的观点

主动去寻找与自己意识矛盾的观点将带给我们不一样的体验，这将扩大我们的学识、增加我们的见识，也会提供给我们一个辩论、求证、思考的过程。

3.以中立眼光看待世事

以另一种角度看待事情，会让我们发现世界的另一种面貌，抛弃平常的生活和经历，你将会发现全新的大陆，这给了我们一种思考自我的全新眼光。

4.积极追求新的事物

抛开过去固有的经历，不要总去同一个场所、感受同样不变的事物，积极地追求新的事物将带给我们全新的灵感，若想独立思考地过好今天，你需要跳出原来的生活圈，感受新鲜的事物。

5.培养质疑的习惯

帮助自己培养质疑一切的习惯，让它成为你的本能，即使面对真理也要勇于辩证，让自己的每一个论断都有事实来支持，这样才能立足于世界。

提示未来的自己

幸福不是依靠别人能得到的，一味地依靠只能让自己堕入失望的深渊，前进的路再远，我们都要坚定地向前走，勇敢地面对一切艰难险阻，相信自己终将走向成功。

10.6 不要活在别人的眼光里

台湾著名作家张德芬曾说过这样一句：“亲爱的，外面没有别人，只有你自己。”人们往往太在意别人的眼光，总喜欢透过别人的眼光来认识自己，却很少花精力去了解自己、认识自己。要知道，一千个人眼中就有一千个哈姆雷特，在不同的人眼中，你所展现的形象也是不同的，或真诚，或善良，或迂腐，或市侩，但真实的你究竟是什么样子，你是否知道呢？

科研人员曾做过一个著名的心理学实验——“伤痕实验”。首先，他们告诉参加实验的志愿者，这个实验的目的是为了观察人们对身体有缺陷的人的反应，尤其是面部有严重伤痕的人，是否会有敌对、轻视的情绪。

接下来，每位志愿者都被安排在一个四面封闭的小房间里，由专业化妆师在其脸上做出一道恐怖血腥的伤痕，志愿者只被允许用一面小镜子看看化妆后的效果，镜子就被化妆师拿走了。

最后一步，化妆师告诉志愿者，需要在上面再涂一层粉末，以防伤痕遇水被擦掉，而实际上，在这过程中化妆师已经偷偷抹掉了化妆的伤痕。

志愿者对此毫不知情，他们按照原定计划前往不同医院的不同科室，他们的任务就是观察人们对其脸上伤痕的反应。

任务结束后，志愿者向科研人员讲述了他们的感受，令人惊奇的是，他们竟无一例外地讲述了同样的感受——人们对他们很不友好，而且总是盯着他们的脸看。实际上，他们的脸与往常一样，只是他们的心已经不同，他们太在意别人的眼光，从而被错误的自我认知影响了判断，这真是一个发人深省的实验。

“伤痕实验”告诉我们，人们十分在意别人的眼光，总是活在别人的眼光里，其实没有人在乎你是否脸有伤痕，你若抱怨别人对自己冷漠不公，那真正出问题的反而是你自己的内心。人们的思维方式总是以自我为中心，很少有人真的去关注别人的想法和行为。

人们往往把别人的挑剔看成是对自己的否定，从而为了迎合他人会改变自己，殊不知这样于事无补，一对夫妻和一头驴子的故事就说明了这个道理。刚开始是妻骑着驴子，夫牵着驴，路人指指点点：像什么样子？这女人太不像话，居然让男人牵驴，妻听了，脸红了，和夫换个位置，这下夫骑驴，妻牵驴，没走几步，路人又开始指指点点：像什么样子？这男人太不像话，居然让女人牵驴，大男子主义。这下夫又脸红了，他们决定夫妻一起骑驴，两人骑着驴，又没走几步路，路人指指点点更加厉害了：像什么样子？两个人骑这一头小毛驴，这分明是虐待动物。夫妻俩这下是彻底不知所措了，这也不行，那也不对，干脆，都不骑了，两人一起牵着驴走路。可结果呢？他们夫妻二人还是被路人指指点点：这两个人，明明有一头驴子，可谁也不骑，那你们养这牲口，干嘛用呢？夫妻二人，真恨自己不该牵着驴子到外面，因为无论怎样做都会有人说。

其实，每个人做事思考的角度不同，出发点也不同，所得出的结论自然也不一样，但不管怎样，我们一定要有自己的见地，不要像墙头草一样风吹就倒。别人提出的意见中肯，我们可以拿来借鉴，别人的无谓妄议，我们就不必放在心上。切记不要被别人的意见所左右，要记住，决定权在自己手中，别人的意见只是用作参考。

人活在世上并不是一味地活给别人看，并不完全需要得到别人的赞同和认可，即使我们有微瑕，也不影响我们的价值体现。改变自己不是一件容易的事，而为了迎合别人而去刻意改变自己，那对自己更是一种折磨。人不是别人的附属品，每一个人都是独立的存在，我们应该努力使自己从被动转变为主动，由自己来掌握自己的未来。

提示未来的自己

人生在世，只有自己能够操纵自己的人生，千万不要让别人的意见影响了你的方向，人生旅途十分短暂，我们应该珍惜自己所拥有的一切，虽然可以参考别人的意见，但千万不要随波逐流，不要让别人的眼光淹没了你真实的模样。

10.7 与其羡慕别人，不如做好自己

人的一生说长不长，说短不短，在每个阶段，我们都会遇到优秀的人，他们的经历、成果像个标杆一般，时刻提醒我们，他们做的比我们好。肤浅的羡慕，笨拙的模仿，只会把我们推进他人光辉的阴影中，盲目的羡慕和攀比不会给我们带来快乐，只会带来烦恼和痛苦，与其不断地羡慕别人，否定自己，不如认清当前的自己，找到属于自己的发展方向，要知道，做好自己，人生才会更加精彩。

大东是一个很普通的工科生，木讷又不善言辞，当遇到需要公开讲话的场合，他总是低着头，半天也无法说出一句完整的话。当周围的朋友组团去旅游、一个接一个带来漂亮女朋友时，说不羡慕是假的，但大东并没有要求自己像他们一样。在别人挥洒青春、开心享受时，他正在埋头钻研一道道复杂的微积分难题；当别人因为不如意而喝酒、痛苦时，他把编程高级教参看了一遍又一遍；当别人又换了女友、兼职发了工资要去玩乐时，他的专业课程终于拿了90分。大东十分刻苦，舍得在学习上挥洒大把的汗水和时间，当别人在花花世

界迷乱眼时，他依旧坚定地在学习这条路上勇往直前。

等到毕业考试时，他的成绩居然是年级第五，第一名是一个天份绝佳的学生，大东要苦苦思索五遍十遍才明白的题目，他一遍就能明白。以大东的成绩本可以被保研到一家还不错的学校，但临时被一个家境条件比他好很多的同学顶掉了。大东并没有气馁，便接着开始了他的考研之路，依旧是一天学习十几个小时，风雨无阻。终于，他凭借优异的成绩考上了全国最好的那所大学的研究生。

在读研究生的时候，周围皆是比他聪明的同学，但大东胜在勤奋好学，一路走来居然拿到了优秀毕业生的资格，在一家行业顶尖的公司谋到了一份很不错的工作。一年的时间还上了大学这几年的贷款，也找了一个家境、品貌都不错的女朋友。几年过去，他已成为一个不大不小的领导，说话不再张口结舌，谈起专业话题头头是道，已与当年判若两人。

在当年的同学中，他的发展最好，在同学聚会上，大家纷纷表示了对他的钦佩，大东则一脸苦笑着说："当年我没别的选择，我也很羡慕其他同学生活得那么精彩，但我一无所长，只能在学习上努力，而且在学习上我也已拼尽了全力，哪还有余力去做其他事，倒不如踏踏实实做好自己。"

如果你总是去羡慕别人，那么无疑是浪费了自己的时间，要做好以下几点，这样才能帮助自己实现人生的理想和愿望。

1.给自己一个努力的目标

我们要给自己一个努力的目标，比如高中毕业后我要上什么样的学校，大学毕业后我要找什么样的工作，工作三年后我应该往哪个方向发展等，当你的人生有了目标，你就不会被外界的纷扰所迷惑，知道你要努力的方向。

2.时间是我们的财富

对于优秀的人来说，时间基本等同于金钱，对平凡的我们来说，时间也一样是笔珍贵的财富。与其把时间浪费在吃喝玩乐、悲春伤秋上，还不如去做一些更有意义的事，比如看书学习，研究科学，开拓关系等，他们最终都会由时间转换为我们个人财富的一部分。

3.懂得放弃

当我们能够确定自己努力的目标时，就会发现有些事是必须要做的，而有些事是不必要的，这时我们就要去选择，有些事必须坚持不懈，而有些事则必须要放弃，这是我们人生的一个必然过程。

4.坚持

有时，在我们持续的努力下，却一直没有看到明显的成果，你会觉得伤心、失望，甚至会产生“这样努力值不值得”的想法，尤其当看到别人风光无限地享受生活，更会产生羡慕的情绪。这时我们要静下心来，要知道有些事并不是那么快就会产生效益，一些长远的目标，需要我们付出长期努力，并孜孜不倦地坚持下去。

从表面看，做好自己是一件很简单的事，但实际操作起来却并不容易，生活中总是有太多的利益诱惑着我们，如果你羡慕别人过得比你精彩，那么你需要调整自己，为了过上你所期望的生活，你还有许多事要做。

提示未来的自己

人是感性的，在不同的人生阶段，自然会有不同的人生体验和人生态度，这本是无可厚非的。但是，无论何时，无论何地，每天，都应该提醒自己做那个最好的自己！

第十一章

先下足工夫，再企望日后的收获和幸福

有些人认为自己很优秀，并不比别人差，但却总是高不成低不就，他们困惑、恼怒过，但却从不去思考自身的原因，也不看别人为了成功付出了多少努力，他们只是一味地嫉恨成功者，这本身就是一种失败。世事无常，有时你越是着急，事情反而就越是不成功，一味地焦急和浮躁会让你失去清醒的头脑，使你无法冷静地思考和决策。而那些能够成就大事的人，都善于控制自己的心绪，他们细心认真，注重细节的力量，做事下足工夫，因此才能取得旁人无法企及的成就，这也是处理各种问题的前提所在。

11.1 “多一盎司”会让你的人生大不一样

约翰·坦普尔顿是一名著名的投资专家，他通过多年的研究得到了一条定律——“多一盎司定律”，约翰认为，在工作、生活中，大多数人付出了同等的努力，甚至做了同样多的工作，唯一的不同是，那些成功者只比其他人多付出了“一盎司”的努力，但就是这微不足道的一点区别，就会让他们的人生变得大不一样。

小晨刚参加工作时，职位很低，是一个普通职能部门的助理，几年过去，他现在已经成为了老板的左右手，并担任一家下属公司的老总。当别人好奇地问他为何能如此快速升迁？他总是笑着回答：“我只是比别人多做了一点事情而已。”

原来，刚工作时小晨就发现，每天下班后，所有人都回家了，只有老板依然会留在办公室里工作。因此，他也决定下班晚点回家，虽然没有人要求他一定要加班，而且加班也不会有任何的收入，但他认为自己应该留下来帮助老板。一开始，老板总是需要自己找材料、打文件、订餐，时间放在这些小事上，非常影响工作效率，后来他发现小晨能够帮助他，就将一些琐事交给他。时间长了，老板很信任小晨，对他的工作非常满意，也给了他更多成长的机会，最终小晨获得了提升，他也紧紧抓住每个机会，在工作方面迅猛成长，最后得以升为分公司领导。

有些人会认为，自己寒窗苦读十余载，进入社会是要成就一番大事业的，对小晨所做的这些小事他们感到不屑一顾。其实不然，越是这种琐碎的小事才能真正反映一个人的责任心，体现他的职业素养。虽然小晨一开始并没有获得相应的报酬，但他任劳任怨的态度最后为他赢得了应有的奖励。

拿破仑·希尔曾经说过："进取心是一种极为难得的美德，它能驱使一个人在不被吩咐应该去做什么事之前，就能主动地去做应该做的事。"其实，这是成功人士特有的一种习惯，更是一种修养，那些成功的人总是能够自动自发地去做他们认为应该做的事，并付出比别人再多一点的努力。那么，我们要怎样做才可以养成"多做一点"的习惯呢？

1.坚定决心

当你决心去做好一件事时，其实你已经比其他人多了一个优势，因为你的目标明确，这会让你比其他人更用心。如果你能费心多去寻找一些有用的资料，或者认真地思考最佳的解决方案，这时你就比别人又多了一个机会。当你能够认真、踏实地去做事，往往就能够从自己的工作、生活中获得最大的益处和提升。

2.勇敢面对

世上没有简简单单就能成功的事，越是艰难的事情，越要勇敢地去面对，这时你会发现，困难并没有你想象的那般难以解决，而且适当的压力反而会让你的潜能得到最大程度的发挥。如果你能多做一些力所能及的工作，那么不仅能彰显你的刻苦、勤奋，而且能让你具有更大的竞争力，从而抓住生活中的每一个机会。

3.贵在坚持

每天比别人多做一点，这并不难，难的是坚持。做事贵在坚持，若你能给自己制定目标并雷打不动地去完成它，这将为你带来良好的声誉和潜在的机遇。正所谓积少成多，你会发现，在不经意之间你已经慢慢超过了同行的人，并且比他们更早一步走向成功。

很多时候，多做一点小事对我们来说只是举手之劳，却能在工作、生活上给我们带来无尽的益处，也许你只是在别人午休的时候多看了一本专业书，也许你在别人认为工作完成时又认真地检查了一遍，也许你发挥了“多一盎司”精神，把自己的工作、生活做到位，只要你比别人多做那么一点点，时间长了你就会发现，你已经远远地把别人甩在后面。这种点滴的积累会孕育成一颗颗成功的种子，使你获得数倍于一盎司的回报，你的人生将会大不一样。

提示未来的自己

生活本无奇，皆从点滴起，当我们能够学会和懂得从点滴小事做起，多多关注身边的人和事物，从中发现自己前进的方向，然后在付出努力的同时，再比别人多做一点，如此这般，我们将会受益终生。

11.2　尽职尽责去做事，最大的受益者是自己

可口可乐中国有限公司前副总裁朱正中说过：“一个年轻人，如果既无阅历又无背景，只有自己可以依靠。那么，他最好的起步方法是：第一，获得一份工作；第二，珍惜你的第一份工作；第三，培养勤奋、敬业的习惯；第四，认真学习和观察，获取真经；第五，要努力成为不可或缺、举足轻重的人；第六，成为一个谦虚、有修养的人。”像他说的，认真、尽责地工作，最大的受益者将是自己，若做事敷衍，不讲责任，那最大的受害者也必定是自己。

人们总是希望自己的职位和薪水都得到提升，希望自己的作为能够被人肯

定，但在工作、生活中仍抱有“为人打工”的心态，做事马马虎虎，完成即可，根本没有将工作成功当作自己晋升的跳板。要知道，只有在尽职尽责做事的基础上，才能获得有价值的提升。

在东北一家皮毛销售公司，老板想要提拔一个人成为公司经理，他让他看好的三名候选人到供货商那里调查今年皮毛的数量、价格和品质如何。

第一个候选人很快就来向老板汇报工作，但老板并不满意，原来他并没有亲自去供货商那里调查价格，而仅仅是查了一下供货商往年供货的价格、数量，并对今年皮毛的品质做了猜想。这名候选人虽然汇报速度最快，但他的汇报结果并没有什么实际用途，老板毫不犹豫地淘汰了他。

过了半个小时，第二个候选人也来到老板办公室，他向老板详细报告了供应商的皮毛数量、价格和品质，虽然完成了老板的要求，但老板还是觉得有点不满意。

两个小时后，第三位候选人胸有成竹地走进老板办公室，他不仅详细汇报了供应商的皮毛价格、数量和品质，还根据公司今年的采购意向，从供应商那里选好了几款样品并做了详细记录，同时还到另外两家供应商处了解了今年的行情，并对这三家产品做了详细的比较，制定出了最佳的购买方案。

这回，老板满意地笑了。

故事中的三个候选人代表了三种做事的态度，第一个候选人做事草率，一心只想敷衍着完成任务即可；第二个候选人只能说是中规中矩，没有自己的主观积极性；真正尽职尽责完成工作的只有第三个候选人，如果你是老板，你也愿意把升职加薪的机会留给他。

无论你从事何种职业，都应该尽职尽责地去做好它，下决心攻克自己行业领域内的每一个技术高峰，让自己成为一个业务娴熟、能力强的人，这将是你取得成功的秘密武器。

一位哲人曾经说过：“如果有事情必须去做，便全身心投入去做吧！”因此，无论你在做什么工作，都要尽心尽力地去做！一面贪图享乐，一面又想取得成绩，这种人做事无法善始善终，自认为可以左右逢源，但却没有坚定的意志，无法达到自己追求的目标，终其一生只能是默默无闻。

提示未来的自己

一个踏实工作的人，只能称作是称职；而一个尽职尽责工作的人，才能谈得上优秀。用心做事不但能督促我们做好工作，还能帮助我们规划长远的未来，他指点我们走过迷途，鼓励我们积极面对人生的每一个挑战，完美诠释自己的精彩人生。

11.3　不怕路远，就怕志短

在电视剧《大染坊》中，主人公陈寿亭出身贫寒，自幼父母双亡，靠邻里的施舍救济长大，就是这样一个不识字、没文化的底层小人物，竟然成为了日后名震一方的印染界大家。陈寿亭取得如此骄人成绩的背后，靠的就是自己的好学、上进，少年时，他在乞讨之余最喜欢到茶楼、书棚听人说书、讲天下奇事，深受民间传统文化的浸染；当上染坊学徒后，他勤奋好学，不怕苦不怕累，费尽千辛万苦学习师傅的手艺；当上染坊老板后，他就让别人给他念报纸，时时了解国家大事和染坊市场的变化，他还广结天下有才之人、各界名流，学百家之长，补己之短。在剧中，陈寿亭曾将人分为三等：一等人不用教；二等人用言教；三等人用棍教。显然，陈寿亭属于主动学习的一等人。正是这种勤奋好学的精神，成就了他从一个“乞儿”到“商界奇才”的华丽转变。

也许，电视剧中的人物多少有点文艺加工的色彩，但我们身边也有不少这样的例子。众所周知，马云是阿里巴巴集团的创始人，开创了电商这一新行业，成为了华人巨富。但有多少人知道，马云曾经两次高考落败，但他并不认输，坚持屡败屡战，终于在第三次高考时被杭州师范学院破格录入。进入大学后，马云变成了品学兼优的好学生，凭借出色的英语稳坐外语系前五名。之后马云当选校学生会主席、杭州市学联主席。毕业数年后辞去公职，从自己的兴趣和爱好出发创办了一家网络公司，经过十多年的努力奋斗成就了今天的辉煌。

曾经，每一个人都拥有远大的志向，都曾说过“长大要当科学家”“我要成为外交官”之类的豪言壮语，但随着岁月的流逝，又有多少人为了实现自己的梦想而努力过呢？有些人的志向远大，但却心有余而力不足，他们梦想走出禁锢自己的小圈圈，却没有勇气迈出第一步。另一些人有能力走出围城，但却从不眺望远方，他们满足于现状，只愿蜗居在一方小小的天地。这些人的梦想一直只是梦想，他们只是在不停地编织美梦，原地踏步，故步自封。

那些真正功成名就的人，总是在出发前就选好自己的方向，并做好充足的准备，在探索的道路上以稳健的步伐一步步前进。他们不屑于原地踏步，也不存心等待机会的来临，他们知道，哪怕只是前进了一小步，都会与自己的梦想更近一些，而伸长脖子窥视远方则只会一事无成。即使前进的这一小步走错了，对他们来说也是一种助益，这会帮助他们修正自己的方向，不再走偏。

人们总是能深刻地认识到，“不怕路远，就怕志短”的意思，即人生之路漫漫，成功离我们很远，它是由一次又一次的失败累积而成的，如果你不愿做一个失败者，那么你就要坚定自己的信念，一步一步向成功走去，以下三点可以作为人生的箴言，与君共勉。

1.成功绝不偶然

成功从来就不是简单的事，一个人所获得的成就必然是经过艰辛的努力与追求，绝不是唾手可得的。在这之间，人们付出了无数心血，品尝了多番苦涩才得到了成果，这是永不停顿的努力所获得的回报，也是人生的荣耀，绝不是那些只知原地踏步、坐井观天的人能够获得的。

2.成功靠努力

“三分靠天分，七分靠努力”是成功的铁法则，除了少许的天分外，其他都需要后天的努力才行，一个拥有天分却不肯付出努力的人比那些敷衍度日的人更糟糕。人们要好好把握一分一秒，不断付出努力，才能减少自己与成功之间的距离。

3.扩大眼界

人们在处世时，不要只局限于小天地，要开阔自己的心胸，打开自己的眼界，通过不断地磨砺增加自己的胆识，大事多做努力，不拘小节，为完成自己的志向不断努力。

俗话说，“人往高处走，水往低处流”，这是自然的法则，也是人生的哲理，世上之事并不易，但你若能坚定自己的信念，维护自己的志向，肯努力，肯攀登，就一定能完善自己，最终走向成功的巅峰。

提示未来的自己

时代不断前进，生活不断推陈出新，已经不允许我们裹足不前，渴望成功的人，请放开你们的眼界，放下你们的束缚，朝着自己梦想的方向勇往直前，坚定自己的信念，排除任何阻碍，踏踏实实的努力，成功必然属于你。

11.4　在失败中反思，在挫折中成长

古往今来，人们的智慧皆来自于失败中的反思、挫折中的成长。以史为镜，秦始皇扫平六国经历了数不尽的挫折与失败，但秦一统天下后，秦二世既没有反思过治国之道，也没有经受过外敌内忧的政治磨难，在巨大的财富和权力侵袭下，秦二世变得越发贪婪，为了贪图享受才会一味施行暴政，导致大秦帝国仅仅存在15年。秦始皇的暴政并没有使国家毁灭，然而在秦始皇死后，秦二世没有意识到错误的严重性，没有反思一味的暴政是否适合当前的国情，依然对人们采取压迫政策，因此才导致秦朝的毁灭。

可见，失败与错误并不可怕，可怕的是人们对失败没有反思，害怕挫折带来的痛苦，结果导致自己错上加错。一个真正成功的人，不在于他永远不败，而在于他能够在失败中反思，只有在挫折中吸取经验教训，才能得到成长，才能够屡败屡战，直至成功。

有一位猎户因为拥有非常高超的打猎技术而被当地村民称为“猎王”，几十年过去了，“猎王”年岁已高，他希望能够将自己精湛的打猎技术传给自己的儿子，但让他苦恼的是，他的三个儿子打猎技术都很平庸，担不起“猎王”的名号。他总是向其他人抱怨，“我真是搞不懂，我打猎技术这么好，为什么我的儿子们却这样笨，竟然学不到一丝一毫。要知道我对他们付出了多少心血，从他们刚刚会走路开始，我就在教他们，告诉他们怎样设陷阱最容易捕到猎物，怎样埋伏最不易惊动猎物，怎样下刀能够将猎物一击毙命。这些年我辛辛苦苦总结出的打猎经验，都毫无保留地教给了他们，让他们少走了几十年的弯路，谁知他们的打猎技术竟然还不如那些一般猎户，这真是让我太伤心了。”

一个村民好奇地问：“这么说，你一直是手把手地教他们的？从来没让他

们自己去打过猎？”

“是的，我怕他们自己打猎会失败，我一直带着他们，我教得很仔细、很耐心，就是为了让他们能够掌握像我一样一流的捕猎技术。”

“他们一直跟随着你吗？”

“是的，为了让他们少走弯路，我一直让他们跟着我学。”

“原来如此，”村民说道，“这样说来，你犯了一个非常明显的错误，你只教给了他们捕猎的技术，却没有给他们积累经验的机会，要知道，失败所累积的经验也是一笔巨大的财富，对每个人来说，没有教训与没有经验一样，都不能使人成大器！”

“猎王”恍然大悟，从那天起，他不再要求孩子跟着他去打猎，也不要求儿子们用他教的方法，只在每天吃晚饭的时候，他仔细倾听儿子们讲述这一天的见闻，并适当给予指点。儿子们的进步是有目共睹的，很快他们的打猎技术突飞猛进，他家也成了远近闻名的猎王之家。

对我们来说，最值得骄傲的事是我们曾经在跌倒后勇敢地爬起来，要知道，正是因为不断的失败，人们才能学会反思和奋进，才能真正学到本领，变得坚强，失败的教训将成为珍贵的经验，帮助我们辨别真正通往成功的方向。

伟大的文学家雨果曾说：“尽可能少犯错误，这是人的准则，不犯错误，那是天使的梦想。”确实，人无完人，无论是伟人还是普通人，都会有犯错误的时候，但我们要正视错误，正视磨难，在不断的失败与挫折中反思自己，让自己获得成长，让自己不断进步，所以说，失败是成功的开始。

对于失败，有的人只是一味去掩盖、逃避，而有的人却能勇往直前去面对、去解决，当你有一颗勇于承担错误的心，并能在失败中反思自己得失的时候，你就已经把失败当成了垫脚石，一步一步更加接近成功了。

提示未来的自己

一时的失败并不意味着永远的失败，一时的成功也不意味着永远的成功，人生若太过顺利无波，只会削减人们的斗志，麻痹人们的思想，而挫折与失败却能激活人们越战越勇的激情，从而不断累积经验、教训，让我们更加靠近成功。

11.5 心中有追求，人生才充实

忙碌是一种生活状态，充实是一种人生态度，只有心中充满追求，不断地去拼搏努力，人生才会更加充实美丽。在《钢铁是怎样炼成的》一书中，主人公保尔·柯察金曾说过这样一段话：“人最宝贵的是生命，生命每个人只有一次。人的一生应当这样度过：当他回首往事的时候，不因虚度年华而悔恨，也不因碌碌无为而羞愧；这样，在临死的时候他就能够说：‘我的整个生命和全部精力，都献给了世界上最壮丽的事业——为人类的解放而斗争。’”这段话充分诠释了生命的意义及人生的追求，人生的充实不仅在于游览了多少风光、饱览了多少图书，而是将人的知识、阅历、人情世故等加以积累，不断更新，我们的人生才会有更多收获。人若没有追求，没有理想，没有为之奋斗的目标，那必然会心中空虚，迷失方向。而若心中有了追求，有了目标，那他的人生必然会演绎出许多精彩的故事。

博格斯是美职篮历史上最矮的球员，他的身高只有160厘米，这样的身高在高人林立的美国已经算的上是“矮”了，可他却从小就爱上了篮球这个高个子的游戏，并发展到了痴迷的地步。博格斯每天吃饭、睡觉都离不开篮球，即使去倒垃圾也是一手运球跑步前进，他的父母责骂他不上进，他的邻居笑话他只会玩球，但博格斯充耳不闻，依然一味练球，他心中有一个伟大的目标，就是成为美职篮球员。终于，博格斯的拼命苦练换来的是他球技的不断提高，在巴尔的摩的韦克·福雷斯特大学读书时，他进入了学校的篮球队，并以卓越的组织指挥才能和高超的球技被球迷们称之为“马格西”：即死死缠住对手、拦截、成功阻挡……1986年7月，博格斯成功入选美国队，在第10届世界男篮锦标赛中，他以精湛而出色的球技为美国队添彩，并战胜苏联队而获得冠军。

博格斯说：“我的确太矮，在高水平的职业篮球赛中闯出一番天地不容易，但我相信篮球并不是专让高个子打的，而是让那些有篮球才华的人打的。”他常对自己的孩子说：“身材矮小并不代表一切，只要你付出比大个儿更多的心血，并为实现自己的梦想努力奋斗，你也有可能成为美职篮选手或是体育明星。”对于能够进入美职篮，博格斯如是说：“当时我没有多少信心能够进入美职篮，但我的亲人却都说我能行。说实话，我相信自己的实力，美职篮并不是只有7英尺的大汉才能进入，因为我能投篮、助攻、抢断，当发动快攻时，一些大个子不如我跑得快，我靠的是速度、防守和百折不挠的意志。”

当一个身高160厘米的男孩到美职篮球场打球时，人们感受的只有新鲜，但当一个同样身高的人在美职篮屹立14年不倒，人们感受的却只有震惊。博格斯以他的奋斗史鼓舞了平凡人，让我们相信，只要你肯努力，人生没有做不到的事情。

需要提醒的是，当你有了人生的追求，还要有实施计划的方案，这样才能循序渐进，有计划地去实施。美国耶鲁大学曾对应届毕业生做过一次研究，那些毕业生被询问是否有清楚明确的目标以及实现目标的书面计划时，结果只有3%的学生有书面计划。20年之后，再次调查这些当年接受访问的人，结果发现那些有明确目标并有书面计划的3%的学生在财务状况上远高于其他97%的学生，而且在快乐和幸福的程度上也高于其他97%的学生。

心中的追求让人们的生活变得丰富，也让人的一生充满干劲，随之也有了付出努力实现的目标。当你心中有了前进的方向，就会权衡利弊，把毕生的追求看得比名利还要重要，你的人生也会就此充实起来。

提示未来的自己

当你为心中的目标而付出不懈努力的时候，你会觉得名利权钱不过是一种附属，只有你所追求的才是生命的主体，它像一盏明灯，照亮了我们前进的步伐，鼓舞着我们不断付出努力，充实自己的人生，使它更加灿烂、辉煌。

11.6 抓住机会，就是抓住成功

在生活中，每个人都抱有雄心壮志，都希望自己能够创下一番大事业，可有的人总在抱怨，为什么苹果只砸在牛顿的头上，若砸在自己头上，自己也可以发现万有引力，这种人认为自己是千里马，空有满腔的抱负却无法实现，渴望声名却取之无门。要知道，机会对每个人都是平等的，只有失败者才会拿“没有机会”当借口，那些成功的人总是善于抓住机会，而失败者只会任凭机会与自己擦身而过。

希凯的老板最近遇到了一桩麻烦事，公司刚刚研发的新产品，还没有开始生产就被竞争对手抢先推出了同类产品，而且价格比自家公司的成本价还要低。希凯所在的公司若要推出更低价只会自毁长城，以往的老客户也都被竞争公司挖走，纷纷毁约，一时间公司到了生死存亡的时刻，如果不能扭转这一局势，公司只能以破产收尾。

看到公司进入这般田地，很多同事都选择了跳槽，他们认为公司已经发不出薪水了，还待在这干什么呢？还不如及早选择一家新单位。还有一些没跳槽的员工，整日里也没有心思工作。希凯却有不同的想法，他认为现在正是施展能力的时候，他有信心帮助老板度过这个危机。

打定主意后，希凯仔细分析了公司目前的状况，他发现情况并没有那么糟，如果能将产品再改进一下，更换几个重要零件，不但能够将价格降下来，产品的性能也能提高一个档次，打开更多的市场，于是说干就干，希凯联合几个技术人员，加班加点地赶工，经过不断的研究，终于拿出了全新的产品改进方案。

希凯拿着方案找到了老板，老板看后紧紧握住了他的手，几个月后，经过改进的新产品隆重上市，由于之前竞争厂家只为抢市场，一味进行低价销售，现在已经没有余力竞争，加之希凯公司的产品性能更强，价格适中，很快就收到了大量的订单，曾经毁约的老客户也纷纷回来，要求恢复合作关系，公司终于摆脱了困境，迎来了新的发展。此事最大的功臣希凯，也被老板破格提升为公司副总，成为一名成功人士。

成功固然要靠人的才能和努力，但抓住机遇，不观望、不犹豫同样重要，只有具备勇于尝试的勇气，并有付诸实践的决心，才能取得成功。因此，有些人因为一个机遇而扬名也就不足为奇。正如故事中的希凯，虽然他知道公司正陷入僵局，但同时他也看清这是一个绝佳的机会，如果他能抓住它并充分利用，那自己的前途必将一片光明，于是希凯果断行事，帮助老板解决问题，不但挽救了公司的败局，也为自己开拓了全新的未来。

机遇每个人都曾有过，区别只是有人能够抓住而有人任凭它溜走，还有的人宁愿等待机遇来临也不愿自己先走出第一步，只能在等待中虚度了自己的时光，在现实世界中迷失了自我。当你感觉机遇已经来临时，一定不要白白浪费，多留意生活中的点点滴滴，从中收获更多的机遇，从而走上成功。

提示未来的自己

有些人总在悲叹上天的不公，抱怨上天没有给予自己发展的机遇，其实上天对待每一个人都是公平的，只是有些机遇并不是那么明显，它可能会在你完全没有预料的情况下出现，因此若想成功，我们就需要提升自己把握机会的能力。

11.7 真正聪明的人才懂得下笨的工夫

“越是聪明人越要懂得下笨工夫！”这是钱锺书对所有聪明人的忠告，人们普遍认为聪明人做事机敏，触类旁通，认为他们最容易成功，其实不然。许多人自恃聪明，却一事无成，“聪明反被聪明误”就是这个道理，这是由于他们缺少全力以赴的动力，总是利用自己的聪明去走捷径，反而陷入困境。

张扬是一所名牌政法大学的毕业生，还未毕业就已通过了司法考试，因此，在大家都在忙于找工作的时候，他已凭借优异的成绩轻轻松松地进入一家知名律师事务所当律师助理了。

与张扬一起入职的还有一个叫李伟的毕业生，他毕业于一所普通本科，考了三次都没有通过司法考试，因此当张扬知道有个岗位将在他们两人中产生时，感觉非常的放松，从始至终，他都没把笨拙的李伟当作威胁。

入职第一天，张扬和李伟被安排整理案卷，工作平分。张扬看着档案室里堆积如山的案卷，实在不想把时间浪费在无聊的整理工作上。而李伟说干就干，一边仔细地做着记录，一边认真地看案卷内容，然后还拿个本子做记录。有时李伟会问张扬一些很基础的法律问题，若张扬不爱回答，他就借着端茶倒水的机会去问其他律师。

事务所里的律师大部分都在外面跑，很少在所里，每当这时，张扬就会把手里的工作扔给李伟，自己跟着其他律师出去办案。

当张扬跟着律师去见当事人、法官或出庭时，李伟正在做着整理案卷的工作，进度缓慢。当张扬已经开始写诉状、发律师函时，李伟还在老实地整理案卷。张扬在心里嘲笑李伟，就这样整理案卷，能学到什么，你就傻乎乎的当三个月临时工吧。

很快，三个月的试用期结束了，张扬信心满满，甚至已经在想怎么能让主任给自己提高一下待遇，没想到主任却决定留下李伟，请张扬另谋高就。

主任看着张扬愤愤不平的样子，问他："你是不是觉得你比李伟聪明，比李伟能干，最应该留下的那个人是你？"

张扬点点头说："难道不是这样吗？"

主任接着问道："那你在这三个月里学到了什么？"

张扬把自己这段时间的工作和经历一五一十地说了出来："我已经跟着办了十几个案子，办案的所有流程我都掌握了，很快就可以独立办案了。"

"那你想不想知道李伟学到了什么？"主任问。

张扬很不服气："他除了整理案卷，做些杂七杂八的事，还能学到什么有用的事。"

主任拿给张扬一张表格，他一看，上面密密麻麻地记录了几百个案件的资料，不仅分析了案件的种类、标的、案源等各方面情况，甚至还分析了每个律师办案的风格。

主任接着又拿出五本大大的笔记："你看看，这是李伟对每个案件学习研究的笔记，不懂的地方都有红笔标注，还注明可以向谁请教以及自己今后努力的方向。”

张扬低下了头，终于承认，自己不如李伟踏实，肯下功夫，自己自以为聪明地学习了十几个案件的经验，而李伟却用最笨的方法学习了几百个案件的经验。

在这场战斗中，张扬确实输给了李伟。李伟给他上了人生中最重要的一课：真正聪明的人，懂得下最笨的功夫。

生活中，总有些人急功近利，选择了一些看似是捷径的方法去做事，但实际上，那些捷径却很少能成功。取得成功的关键在于按部就班地完成每一步，而不是想方设法地投机取巧。无论你的目标是拥有丰厚的资产，健康的体格还是良好的人际关系，这都是不容置疑的真理。

在前进的路上，接受他人的指导是必要的，这只是一种更为有效的学习方法，但却不能取代我们为了成功所需要的必要努力。无论是白手起家做生意，还是埋头苦读做研究，我们都必须要下苦功夫、笨功夫，真正的成功没有捷径可走。

提示未来的自己

人生的每一次成功都需要我们为之付出努力，前进的每一步都是一次次成功的累积。有些聪明人没有看透这一点，选择投机取巧，那自然不会取得很大的成就。只有能够下笨工夫的人，才能进入成功的殿堂，他们才是真正有智慧的人。

第十二章
你足够努力，才能遇见未来优秀的自己

很多时候，我们都觉得自己付出了很多努力，拼命地读书、考试，拼命地工作、学习，但你扪心自问，你的努力真的足够多么，你确实倾尽全力了吗？在人生的每一个阶段，我们都为自己制定了一个目标：考入知名的学校，获得高薪的工作，享受舒适的生活，为了这些目标，我们付出了巨大的时间与精力。可有时我们也会无能为力，当你发现无论你怎样做都无法再前进一步时，你更应该鼓励自己坚持下去，当你获得成功时才发现，原来我们以为无能为力的事，再努力一把还是可以成功的。

12.1 坚强的意志力可以帮助你从一个胜利走向另一个胜利

印度国父甘地曾说：“力量不是来自于体力，而来自于不屈不挠的意志。”坚强的意志力，可以帮助人们成就很多奇迹，在生活中，各个方面都有无数难题，有些人被困难打败，承认失败，有些人则咬紧牙关坚持前行，两者的差别只在于意志与决心。人最大的财富就是意志，坚强的意志力可以帮助我们征服一个又一个困难，让我们从一个胜利走向另一个胜利，唯有坚持自己的脚步，成功才能对我们打开大门。

有一家非常有名的企业，每年都有无数的年轻人渴望进入这家公司工作，竞争非常激烈。有一次，这家公司计划招聘管理人员，作为公司的重点培养对象，这个机会十分难得，每名竞争者都有一种“千军万马过独木桥”的感受。经过层层筛选后，有10名佼佼者脱颖而出。但主考官发现有一人成绩特别出色，面试时给他留下深刻印象的年轻人却不在这个名单中。主考官感到很奇怪，便叫助理去复查了那位年轻人的考试情况，结果发现由于计算机系统故障，没有录入这位年轻人的考试成绩，而他原本足以进入前三甲，于是主考官立即叫人补发了录取通知书。

谁知，第二天主考官听闻，那位年轻人由于应聘失败，感到心灰意冷，已经跳楼自杀了，当补发的录取通知书送到的时候，他已经永远地闭上了眼睛。

得知这个消息，主考官久久没有说话，助理在旁边惋惜道：“真是可惜了，这么一位有才华的年轻人，却不能为我们所用。”

“不，”主考官摇摇头，“幸好我们公司没有录用他，意志如此软弱，经不起一点打击的人是成不了大事的。”

所有成就大事的人，都拥有超强的意志力，他们坚信，失败只是走近成功的一个过程，当走通所有失败的道路时，剩下的唯一一条路就是成功之路。成功本没有秘密，只有坚持不懈这一条真理，人生就好比在不断进行的赛事，无论晋级还是淘汰，我们都应该有一份超越自我、挑战自我的决心，以及一份永不言败、永不言弃的心情。

有些人认为意志是与生俱来的，其实不然，它是一种可以培养和发展的能力，词典上将“意志力”解释为“控制人的冲动和行动的力量”，这说明它是可以控制、培养的，下面就让我们看看要如何培养我们的意志力。

1.克服懒惰

积极做事，克服懒惰情绪，将帮助我们集中注意力，积极投身于实现自身目标的具体实践中。

2.确定目标

有学者曾研究发现，那些意志力坚强的人都是那些目标最明确、最具体的人，他们知道自己应该如何进行下一步，并逐步去实行。

3.分清利弊

很多时候，人们没有坚持下去的原因是没有分清利弊，如果你能清晰地得知自己即将失去的和即将得到的，通过仔细比较，那就更加容易了。

4.改变自我

最终意志力的产生来源于人自身的改变，改变自己的形象、改变自己的梦想，从而为之努力，意志可以让人信服，但只有在被自己的主观意识刺激时，才能真正得以改变。

5.磨炼意志

大量的事实证明，磨炼自己的精神以增强意志力，有助于帮助自己成为一个具有顽强意志的人，以便日后能够战胜更加困难的挑战。

6.坚持己见

俗话说，“有志者事竟成”，说的就是坚持己见，与困难斗争并战胜它的意思，要知道，坚强的意志不是在一朝一夕间产生的，而是在我们不断坚持自己的意识时累积下来的。

提示未来的自己

成就大事，不仅要具有外在的能力，还要具有坚强的意志力，只有坚定的心理素质，不为任何磨难摧残，才能够越过坎坷，直达胜利大道。

12.2　没有危机感的人，将面对更大的危机

在心理学上，认为危机意识将给人一种“要么改变、要么冒险”的暗示，很多时候，危机意识会让人得到极大的爆发，使人的勇气激增到无所畏惧的地步，充分诠释了“置之死地而后生”的意义。

在自然界，每天早晨，羚羊睁开眼睛想的第一件事就是：“我一定要比狮子跑得快，否则我就会被狮子抓住吃掉！”狮子也在想：“我一定要追上跑的最慢的羚羊，否则我就没有猎物，会被饿死！”这在人类社会中就演变为“适者生存、物竞天择”的真理，有人讲过这样一个故事：两个运动员在森林里行

走时遇上了一只老虎，其中一个人急忙穿上跑鞋，另一个人则讽刺说，你穿跑鞋也没用！他回答说，你以为我穿上跑鞋是与老虎赛跑吗？我只要跑过你就可以了！自然界不同情弱者，人类社会也不相信眼泪，危机意识就是那双运动鞋，它能帮助我们与身边的人赛跑、竞争，从而取得胜利，获得生存。

2007年7月17日，短道速滑世界冠军杨扬拿到了清华大学工商管理学士学位。10年前，还没预见到自己在冰场上的作为时，杨扬已经在为自己将来的人生做打算。

1998年长野冬奥会的失利让杨扬开始思考自己的出路："我不去学习不行了，我才22岁，去学习还不晚。不学以后退役咋办？我得养活自己啊。"

1999年，杨扬到澳大利亚待了一个夏天学习英语，回国后，简单的训练生活开始发生改变。在国家队，每天早餐过后，队员们都有一个小时的休息时间，别人可能睡个回笼觉，杨扬就躺在那儿看书、背单词，然后跑步的时候满脑子都是单词。

2002年，杨扬为中国夺得冬奥会首金。她不打算坐享金牌给自己带来的种种好处，于是，急流勇退去清华读书，随后又去了美国犹他大学和旧金山州立大学留学。

后来，国际滑联运动委员会、国际奥委会找到杨扬，请她去做事。今天的杨扬，正如美联社对她评价的那样，以大方、平和的微笑面对公众，能说一口流利得让人吃惊的英语，代表着中国新一代体育明星——时尚、富有魅力且具有品牌价值。

在现代社会中，生存竞争日益激烈，无论在哪一个领域，人们都会感到危机。有些人将危机视作对自己的威胁，终日寝食难安，直至崩溃。其实，不难发现，当我们身处危机环境时，就会对生活充满警醒，反之则满足现状、不思进取。正如孟子所说："生于忧患，死于安乐。"

那些成功的企业家，都善于在危机中找寻自己的生机，在顺境中保持忧患意识，微软的比尔·盖茨总说："微软离破产永远只有18个月。"海尔的张瑞敏总是感觉："每天的心情都是如履薄冰，如临深渊。"百度的李彦宏经常强调："别看我们现在是第一，如果你30天停止工作，这个公司就完了。"他们都能勇于面对危机感，并以此鞭策自己不懈努力，真正做到居安思危，有备无患。

我们也要像那些成功的企业家学习，时刻保有危机意识，使自己始终处于积极进取的状态，要知道，危机与机会总是一并出现，机会的背面就是风险。因此，正如哈佛商学院教授理查德·帕斯卡尔所说的那句名言："21世纪，没有危机感是最大的危机。"

提示未来的自己

没有危机感的人，将会面对更大的危机，要想取得成功，就要不断做好准备，化危机为转机。新时代处处充满了机会，如果我们没有危机意识，只懂得享受，那迟早会被淘汰，跌入人生的谷底。

12.3　做一个勇于否定自己的人

有时候，"否定"并不是一个贬义词，纵观历史，一代思想家马克思一开始只想成为一名诗人，著名作家安徒生的第一理想是成为一名演员，而我国著名文学家鲁迅一开始则选择赴日学医……但最后，这些伟人都经历了去伪存真、自我否定的过程，最终放弃了自己最初的理想，及时调整了自己前进的方向，从而成就了自己。当然，这种自我否定并不是简单的"否定"，而是为了最终肯定自己而不断的进行优化选择，正所谓不破不立，只有做一个勇于否定自己的人，才能有新的发展与突破。

他出生在美国圣地亚哥的一个贫民家庭，父母没有固定工作，长期生活在饥寒交迫之中。

连高中的学业都没有完成，迫于生计，他辍学了。辍学后，他找到的第一份工作是到一家小餐馆洗盘子，每天下午4点上班，常常工作到翌日凌晨。这样的生活让他疲惫不堪且极为厌烦。丢掉洗盘子的工作后，他又到一家停车场去洗车，没多久，又换到一家洗洁管理公司工作，常常洗地板到深夜。如此不间断地更换工作，让他总忍不住地想：“可能我一辈子只会洗东西吧？”

工作期间，他开始尝试改变自己的生活——每天辛勤的体力劳动之后，他都会用5个小时的时间进行学习。当时，很多同伴都不能理解——为什么一个做体力劳动的人每天还要这样拼命读书呢？

20岁那年，他开始到处旅行，曾经和两位好友用300美元，横穿了美洲、欧洲、亚洲和非洲。靠汽车和步行，行程万英里。在非洲，撒哈拉沙漠让他吃尽了苦头。就是在那个时候，他开始意识到——每个人都必须横穿自己的撒哈拉沙漠。

30岁那年的一个晚上，他怎么也无法入睡，他质问自己：“为什么我这么努力，却还是住在便宜的公寓中，不能开名车、住豪宅？”这时，他忽然意识到，成功或许没有捷径，但是如果有的话，那一定是一些规律而已。

从那个夜晚开始，他开始认真思考成功的方法。通过观察同一家公司的顶尖业务高手，他开始学习他们如何拜访客户以及时间的管理方法。之后，他开始对自己进行有序调整，并制订了一系列新的工作规划。不久，他的业务水平开始迅速提升，很快赚到了数倍于以前的收入。这样的生活，过了将近十年，他也渐渐从一个名不见经传的小业务员成长为一名业绩出色的业务员。他的业务越做越大，赚取了巨额的财富。

在他的人生事业一片光明的时候，他又开始不断质问自己——这就是我想要的生活吗？而后，他突然放弃了这项事业，转去做演说家和作家。凭着自己的执着与智慧以及对成功的特殊理解和对成功规律的准确把握，很快，他就成为在国际上光芒四射的演说家和潜能激励大师。他开始不断出版专著，四处演说。

二十多年来，他的足迹遍布九十多个国家，曾经在四十多个国家举行了关于成功的演讲，每年有四十多万人接受他的言传身教，他成了全球业务员顶礼膜拜的心灵导师。他还曾经是比尔·盖茨的业务导师，巴菲特、迈克尔·戴尔和杰克·韦尔奇也都曾听过他的演讲。他出版了多部成功学著作，作品畅销全球。

他就是美国著名成功学大师安东尼·罗宾逊的潜能激励导师，全美最具影响力的演说家和成功学讲师，当今世界上最知名的心灵导师——博恩·崔西。

一般来说，人们的成功是一个从肯定到否定的循环过程，当我们还没有取得应有的成绩时，就要不断地肯定自己，给自己勇气，重拾信心，继续拼搏。但当我们走到人生的一段高峰时，就要学会否定自己，这样才能时刻鞭策自己，使自己不被外界迷惑，能够继续谦逊前行，因此，勇于否定自己也是非常重要的。

提示未来的自己

陶渊明曾在《归去来兮辞》中说“觉今是而昨非”，我们也应该有“觉今是而昨非”的勇气，做一个勇于否定自己的人。在人生的道路上，不断肯定、否定自己，让自己时刻归零，不因取得成绩而志得意满，也不因失败而低落气馁，这样创造出的成果才能经得住生活的锤炼。

12.4 珍惜今天，才会迎来美好的明天

人生在世几十年，而“今天”对我们来说只有短短的一天，在今天，你可以更加努力，为理想而奋力拼搏，你也可以继续颓废，麻木而无所作为地度过它，你的“明天”是光辉灿烂还是黯淡无光，全看我们在今天做了哪些努力。总有些人将希望寄托于永远不会到来的明天，在如黄金般珍贵的今天却荒度时光、碌碌无为，然而当新的一天太阳升起，明天真的到来时，他们又开始寄希望于下一个明天。正所谓“明日复明日，明日何其多”，这些人一而再，再而三的推脱，最终永远做不完手里的事情。只有那些真正懂得如何把握“今天”的人，才能在“今天”创造出属于明天的希望之光。

在古老的原始森林，树木葱郁，很多鸟儿生活在这里。当春天来临时，很多鸟儿趁着阳光明媚，欢快地歌唱，辛勤地劳动，采集枝叶修筑自己过冬的巢穴。其中有一只寒号鸟，它有着一身比孔雀更漂亮的羽毛和比夜莺更嘹亮的歌喉，因此它到处卖弄自己的羽毛和嗓子，看到别的鸟儿正在辛勤地筑巢，它不仅不以为意，反而嘲笑它们不会享受生活，好心的喜鹊提醒它说：“寒号鸟，你快垒个窝吧！不然冬天来了怎么办呢，你漂亮的羽毛和嘹亮的歌喉可帮不了你。”

寒号鸟听了喜鹊的劝告，轻蔑地说：“冬天还早呢，你们都着什么急！太阳这么大，天气这么暖，冬天还早着呢，等到冬天真的来了，我会筑巢的，现在先让我趁着今天的大好时光，尽情地玩吧！”

就这样，寒号鸟日复一日地唱歌玩耍，度过了春天的温暖、夏天的炎热、秋天的清爽，冬天眨眼就到了，而寒号鸟的窝还一直没有修筑。寒风阵阵，别的鸟儿们晚上躲在自己暖和的窝里安乐地休息，而寒号鸟却在寒风里冻得瑟瑟发抖，用美丽的歌喉悔恨过去，哀叫未来：“抖落落，寒风冻死我，明天就

垒窝。”

第二天，寒风停歇，太阳又带来了光明与温暖，万物苏醒了，沐浴在温暖阳光中的寒号鸟好不得意，完全忘记了昨天的痛苦，又快乐地歌唱起来。

好心的喜鹊又劝它：“寒号鸟，冬天已经到了，你快垒个窝吧，不然晚上又要发抖了。”

寒号鸟嘲笑它说：“你们这些不会享受的家伙，只要熬过夜晚，白天不又温暖了吗，还是让我展现美丽的羽毛和嘹亮的歌喉吧。”

晚上又来临了，寒号鸟又重复着昨天晚上一样的故事。就这样重复了几个晚上，大雪突然降临，鸟儿们奇怪寒号鸟怎么不发出叫声了呢？太阳一出来，大家一看，寒号鸟早已被冻死了。

“今天”是人们走向成功的新起点，它连接着昨天与明天，承载了昨日的成果与明日的希望。步入今天，人们就要忘记昨日的辉煌与失败，过去的就让它过去，即使失败，也不在跌倒的地方徘徊，就算成功，也不在荣誉的顶峰流连。而是从今天开始，从零开始，一步一步踏出脚印，满怀信心地继续努力。古人云“明日复明日，明日何其多，我生待明日，万事成蹉跎”，它教诲我们今日事今日毕，绝不要拖延到明日，珍惜今天的努力，否则明日的明日就将成为镜中花一般的虚像，未来将可望不可即。

人们的明天是成功还是失败，没有人能提前预知，唯一可知的是，我们的明天充满了机遇与挑战。面对成功的机遇，人们一定要时刻保持清醒，以坚定的信念与不懈的努力去抓住机遇，才能开拓美好的明天。明天属于每一个人，而成功只属于那些勇于开拓，奋发前进的人。

在今天颓废的人，会让美好悄然走远；在今天奋勇拼搏的人，会让成功悄然来到。胜败不过一步之遥，或拼搏或放弃，终会产生不一样的明天和结局。俗话说，千里之行始于足下，你的明天是平淡还是辉煌，都取决于你今日的选择和努力。生活茶，品过才知甘苦：人生路，走过才知深浅，珍惜今天，我们才能迎来美好的明天。

提示未来的自己

有人说，今天的你是过去努力的结果，而你今天的努力，将是你明天的命运。那么，改变所有让你不快乐、不成功的习惯，为了明天的命运而继续努力，你的付出越多，你的明天将越自由、越美好、越辉煌。

12.5 冥想，让自己进入一个忘我境界

进入现代社会后，人们迫于各种生活压力，渐渐变得烦躁不安，进而导致心理疾病频发，除了身体的健康，心理的健康也非常重要。冥想作为一种治疗压力的新方法，可以帮助人们整理情绪，厘清头绪，暂时忘却烦恼，远离现实世界的喧嚣。

有些人认为，冥想是一种复杂的思考，其实不然，冥想是一种专注自身意识的艺术，人在冥想的过程中能够感知生命的变化，找回心灵的平衡，记住自身最理想的状态，让自己进入一种全新的忘我境界中。

冥想是一种感受，是要用我们的心灵作用去影响身体，并不需要特别的工具或者场所，只需我们为自己提供一点时间，一个空间，让自己沉浸在冥想之中，去感受生命的美好。

冥想的方式不计其数，希望以下几点能帮助你养成日日冥想的习惯。

1.每天坚持冥想

冥想并不要求时间，但要有坚持下去的习惯，每天都抽出2—5分钟来做冥

想，长此以往必将受益。

2.选好练习的时间

冥想并不要求在某一特定时间进行，但要求在人全身放松的某一时间段进行，比如早饭后午饭前，在这段时间人们可以放松自己，做好每一次冥想。

3.选择安静的地点

冥想要选择一个安静的地点，比如清晨的公园，偏僻的山林，人少的海边等，只要你能找到一处安静放松的地点，那么在哪冥想都不重要。

4.冥想要舒适

在冥想时，不要太在意自己的衣着、姿势等细节，即使盘腿坐在地板上也可以，只要你觉得舒适即可。

5.初学者冥想时间不宜过长

这一点很重要，很多人认为自己可以安安静静地冥想30分钟以上，但对初学者而言，养成坚持的习惯更为重要，为此，一开始可以只做2—5分钟，你会发现这样比较容易坚持下来，接下来可以逐渐增加冥想的时长，直至最后达到30分钟以上。

这些简单的小技巧，若你能按照去做，你将养成日日冥想的好习惯。

提示未来的自己

据研究表明，冥想能够帮助人们提高注意力、记忆力及自制力等，并且可以改善人们的睡眠、呼吸、新陈代谢，通过冥想，你将更加了解自己，对自己及生命的认识也将更加深刻。

12.6 用心做事，才能得到价值提升

人若想生活在社会中，就需要学习、工作，但同样是工作，因方法和态度不同，取得的结果也不尽相同。尽职尽责地去做事，不仅是一种方法、一种态度，更是一种崇高的境界，是一个人对自己不断完善的标准，也是我们走向成功的第一步。

为了发展海尔整体卫浴设施的生产，1997年8月，海尔公司派魏小娥去日本学习，希望她能掌握世界先进的整体卫生间生产技术。在学习期间，魏小娥注意到，日本人试模期废品率一般都在30%～60%，设备调试正常后，废品率为2%。

“为什么不把合格率提高到100%？”魏小娥问日本的技术人员。

“100%？你觉得可能吗？”日本的技术员反问。

从对话中，魏小娥意识到，不是日本的技术员能力不行，而是思想上的桎梏使他们停滞于废品率的最低极限只能降到2%。而作为一个海尔人，魏小娥的标准是100%，即“要么不做，要做就要做到最好”。她拼命地利用在日本的每一分每一秒刻苦学习，3周后，她带着先进的技术知识和赶超日本人的信念回到了海尔。

半年后，日本模具专家宫川先生来海尔公司访问。他见到了曾经的“学徒”魏小娥，此时魏小娥已是海尔集团卫浴分厂的厂长。面对着一尘不染的生产现场、操作熟练的员工和100%合格的产品，宫川先生惊呆了，反过来向“学徒”魏小娥请教相关的生产问题。

宫川先生问魏小娥：“有几个问题曾经使我绞尽脑汁地想办法解决，但最终没有成功。日本卫浴产品的现场脏乱不堪，我们一直想做得更好一些，只是难度太大了。你们是怎么做到现场清洁的？100%的合格率是我们连想都不敢想

的，对我们来说，2%的废品率、5%的不良品率天经地义，你们又是怎样提高产品合格率的呢？”

“因为我们是用心去工作。”魏小娥简单的回答又让宫川先生大吃一惊。

用心去工作，看似简单，其实不简单。

原来，魏小娥从日本学习归国之后，便开始重点抓卫浴分厂的模具质量工作。魏小娥在实践中把2%放大成100%去用心研究。比如她发现，有的产品成型后有不易察觉的黑点，就马上召集员工商量对策。有的员工说：“这个黑点不仔细看根本看不见，再说，经过修补后完全可以修掉……”

魏小娥说：“这些有黑点的产品万一流向市场，就会影响海尔的美誉度，用户能拿着放大镜、听诊器去买冰箱，也会拿着这些东西来买卫浴设施。所以，既是‘白璧’就不能有‘微瑕’，产生这个小黑点的原因就是我们的现场不能做到一尘不染。”

不管是工作日还是节假日，魏小娥紧绷的质量之弦从来没有放松过。有一次在试模的前一天，魏小娥在原料中发现了一根头发，这无疑是操作工在工作中无意间掉进去的。一根头发丝就是废品的定时炸弹，万一混进原料中就会出现废品。魏小娥马上给操作工统一制作了白衣和白帽，而且要求大家统一剪短发。

用心去工作的魏小娥终于做到了产品合格率达到100%。

用心做事，自己是最大的受益者；而敷衍做事的人，最终只会害了自己。升职加薪是每一个身在职场的人的工作目标，但有的人在工作中只抱着完成任务即可的敷衍态度，要知道，晋职是建立在完成日常工作，用心做好每一件事的基础上，只有尽职尽责的用心做事，才能使我们的个人价值得到提升。

敷衍做事，会让我们产生一种“为老板工作，为做事而做事”的想法，随之而来的就是被动应付的情绪，这在生活中会引发新的问题。而用心做事的人，在工作中会发挥主观能动性，看问题、找原因都积极主动，并及时总结经验教训，拿出解决办法，在他们的心里，他们是自己的主人，是在为自己做事。

提示未来的自己

做事是否用心不仅体现在对待工作的态度上，还决定着我们人生的成败，那些渴望得到晋升的人，在工作中并没有付出相应的努力，自然无法得到应有的表彰，而那些用心做事，尽职尽责的人必将得到相应的回报，实现自己价值的全新提升。

12.7 努力坚持，绝不放弃

坚持，不容易，而坚持到底，就更困难了。智者曾说，“成功靠奋斗，奋斗靠坚持”，能够坚持奋斗，不屈不挠，我们的理想人生才能如愿以偿。成功从不会从天降。即使是幻想，也需要我们付出时间和心血。

人生从不是一片坦途，真正的人生需要我们不断地为之拼搏奋斗，也许在这条路上，你没有收获到你想要的成功果实，但你经历过.感悟过，这也可以说是一种收获。不管未来的路有多艰难，只要我们坚定正确的方向，努力坚持，无论何处困境都不放弃，那我们就比站在原地等待要幸福得多。

小雨出生在一个较为偏远的山村，在那个日出而作日落而息的小山村，她从小就要承担帮爸爸妈妈做农活，照顾弟弟妹妹的责任。所幸小雨的父母都很开明，并没有因为她是女孩而忽视她，反而一直鼓励她，期望她能走出大山。

6岁，在家里老人都反对的声音中，她走进了小学，在那间简陋的校舍中，她懂得了知识改变命运的道理，为了给供自己上学的父母争口气，她从此更加刻苦学习。

时光如水，岁月如歌，在老师和同学的帮助下，小雨进步飞快，成绩一直名列前茅。她暗暗给自己定下目标，考上大学，真正地走出大山，去看看外面的世界。为了实现这个目标，她更加努力，没钱买复习资料，就借来同学的资料抄一遍，冬天天冷手冻裂了握不住笔，她也仍然咬牙坚持。在高中那几年，小雨每天都重复着三点一线的生活，做题，考试，再做题，再考试，每天都在题海中奋战，铺天盖地的试卷常常让她目不暇接，于是她成为了班里第一个进自习室和最后一个离开的人，天天如此，风雨无阻。

曾经有同学问她，这么苦的学习生活，究竟是什么信念支持着你坚持下来。小雨给他讲了一个“游向太阳的金鱼”的故事，故事中的金鱼因为天寒地冻担心会死亡，所以一直游向太阳。即使在黑夜，它也没有放弃心中的太阳，最终迎来了温暖的黎明。故事虽简短，其寓意却精练而深刻：不放弃希望，坚持不懈，勇往直前就能成功。小雨说：“放弃与坚持只不过一念之间，而忍得了寂寞，才能看见繁华。”她深信，多年之后的那个自己，一定会感谢现在拼命努力的自己。

终于皇天不负有心人，小雨以优异的成绩考上了重点大学，成了第一个走出山村的女大学生。村民们也终于不再挖苦她的父母，反而投来羡慕又钦佩的目光。那张滚烫镶金的录取通知书是对她多年努力的肯定。她终于做到了，终于成了自己人生的主导。由此可见，人虽然不能选择自己的起点，但通过自己的努力同样可以成功。

坚持并不是一件简单的事，无论是多么伟大的理想，多么高尚的追求，几乎所有人都可以坚持两三天，一些人能坚持两三年，但真正成功的人，都是那些咬紧牙关，硬着头皮也要坚持到底的人们，他们或早或晚都会到达他们梦想的彼岸。

世界上的成功路有千千万，不同的人会有不同的道路，而是否成功，不取决于我们选择了什么样的道路，而在于我们是否能够毫不犹豫地坚持下去，无论这条路是否好走，只有坚定不移地走下去，我们才能取得成功，才能为自己的辉煌人生添上浓重的一笔。

提示未来的自己

那些能够坚持到底的人，永远也不会被无聊的悔恨和悲伤的情绪所折磨，他们总是充满阳光、热情、欢笑和希望，问心无愧地享受着努力之后的成果，这是人生给予他们的平凡而普通的奖励。这是他们用坚韧和克制的内心，无穷无尽的心血与汗水换来的，人生最大的光荣和幸福，莫过于能够坚定地为自己选择的目标去努力，并坚持到底，最终取得成功。

参考文献

[1]高原.不要让今天的习惯，害了未来的自己[M].青岛：青岛出版社，2015.

[2]张小川.青春不荒芜，人生不迷茫[M].北京：中国华侨出版社，2015.

[3]冯军.不畏挫折，勇敢前行[M].北京：现代出版社，2014.

[4]白苏.让未来的你，喜欢现在拼命的自己[M].北京：中华工商联合出版社，2015.